漫畫 COMICS 新世紀孫子兵法

孫子式戰略思考

史上最強
競合謀勝教科書

マンガでわかる！
孫子式 戰略思考

長尾一洋 Kazuhiro Nagao
星井博文——編劇
石野人衣——繪
謝承翰——譯

漫畫　新世紀孫子兵法◎目次

第三章 做到組織「可視化」——知己、知彼、知天地 141

【善用兵者，修道而保法，故能為勝敗之政。】

解說

前言

孫子式戰略思考

孫子兵法的現代應用

《孫子兵法》被譽為歷史最為悠久的兵法經典，這部古典兵法書寫於西元前五百年，也就是距離現在約兩千五百年。儘管如此，《孫子兵法》備受東西方推崇，被人們運用於軍事領域，乃至於商場戰略、組織營運等方面，擁有極高評價。

譬如日本經營之神的松下幸之助、三得利社長新浪剛史、日本TULLY'S COFFEE創辦人松田公太、積水化學工業前任社長大久保尚武，乃至於微軟創辦人比爾．蓋茲等聞名全球的經營者都愛讀《孫子兵法》。軟銀的孫正義甚至以《孫子兵法》為基礎，自創名為「孫的二乘法則」的經營手法。

相信許多人會感到不可思議，認為來到今時今日的現代，為何《孫子兵法》這部寫於西元前的兵法書仍備受推崇，並被應用、活用於商場各領域吧？畢竟「那些老掉牙的戰爭技巧哪會有用啊？」

但事實並非如此。《孫子兵法》當中記述的都是戰爭中必須考量到的基本原理與原則，幾乎沒有提到某國將領於戰爭中如何調度指揮等具體案例。由於是原理、原則，因此即便時代更迭，書中所載的思考邏輯、策略智慧仍通行無阻。

「非戰」的全勝高度

於此同時，《孫子兵法》也並非那種教人怎麼耍槍、開戰車的戰鬥戰術指南。《孫子兵法》的特色在於，其內容主要為足以引發戰爭前提的外交策略、國家戰略等，甚或是更為根本的國內政治，乃至於經濟因素。

孫子認為戰爭僅只是一種令國家興盛富強的手段，因此即便《孫子兵法》是一部為戰爭而寫的兵法書，書中仍隨處可見「不戰而屈人之兵」、「不可勝者，守也；可勝者，攻也」、「慎而戰之」等「非戰」的教誨。畢竟輕易挑起戰端而戰敗者，將直接導致國破家亡，不可不慎。

戰爭，意味著人與人、集團與集團間搏命死鬥的極限狀態。而《孫子兵法》則對如何在上述狀態中調度組織、調兵遣將針砭入微，就連人類本性、組織生態也一覽無遺，可作為現代商場、組織運作的參考。畢竟不管是兩千五百年前，抑或是今時今日，人類為求生存的競爭本質並無多大變化。

孫子兵法的終極應用

我是一位經營顧問，至今曾經接觸過為數眾多的企業主，並提供關於企業組織改革等方面的顧問服務。當然，我的顧問內容當中涵蓋了各個時代、各個組織曾使用過的技巧，而我則在去蕪存菁後，向企業主提供顧問服務。過程當中，我發現自己的顧問技巧與《孫子兵法》的教誨有許多共通處。

因此在本書當中，我會借用《孫子兵法》書中的金玉良言，向你介紹各種實際運用於顧問現場的戰略，特別是我目前有在使用的實用商戰策略。

「缺乏經營戰略！」
「無法提出新的事業計畫！」
「下屬缺乏幹勁！」
「無法描繪企業前景！」

書中故事背景描述孫子穿越兩千五百年的時空蒞臨現世，隨著他的一言一語，將會令你逐漸掌握最實用的「孫子式戰略思考術」，進而解決上述各種令人困擾的難題。

乍看之下，你可能會覺得故事情節異想天開，但我認為正因為《孫子兵法》能夠被活用於各種獨創的商戰策略中，推崇《孫子兵法》的經營者才會如此眾多。當然我不能說本書所載的做法是唯一一種孫子式商戰策略，但是卻也可以不無得意地表示，本書鉅細靡遺地講解了在商場和職場上如何活用《孫子兵法》的具體方法。

《孫子兵法》是紀元前的古典兵法書，卻縱橫古今二千五百年餘載，乃是一部蘊含「戰略思考」智慧的寶典，教人如何用兵遣將、調度組織與制敵機先。

即便你曾經對《孫子兵法》這本以晦澀古文撰寫的古典兵法書感到敬而遠之，也希望你可以從本書學會實用度高的《孫子兵法》，並掌握可活用於商場上的「孫子式戰略思考」，如此一來我將感到不勝榮幸。

長尾一洋

孫子兵法與現代商戰策略——出敵意料

【兵者，詭道也。】

真央任職於片向事務商會，這是一家以企業為主要客群的事務機租賃公司。
雖說真央態度積極進取，但是卻面臨客戶接連解約的窘境，業績一片慘淡。
就在這時候，一個男人穿越時空出現在真央面前……

二五〇〇年前
春秋時代
嗯～嗯
嗯～嗯
孫武
（尊稱　孫子）
唰！
啊
沒辦法！
幹脆放棄寫
甚麼兵法好了！

孫武大人，你在說甚麼啊？
吳王可是滿心期盼孫武大人的兵法啊。
轉身
我管他去死！
啊！還亂丟東西。
最近打仗開始會調派老百姓上前線，跟以前已經不一樣了。
比起只有少數貴族參與的戰爭，戰爭的規模變得大多了。
……
除了本質變化之外，戰法、戰術也日新月異。
所以孫武大人你才說要獻上一部與時俱進的兵法給吳王，不是嗎？
吳

不用你提醒我也知道。
噗噗
所以……
可是……我就是想不到好兵法嘛！
哼！
你還亂遷怒！
碰
好啦好啦！
我們去散個步透透氣吧？
轉身
我自己去就好。
這可不行，你想落跑吼？
聽我抱怨一下嘿
我家老婆最近很煩人啊～
好啦～
雷聲滾滾
雷聲滾滾
喂，天氣怎麼突然就變了啊！
轟
隆
！

孫武大人！
碰！
哇啊啊啊！
孫武大人！
孫武大人！
咦……
不、不見了……
現代
所以我們不打算續約了。
快點把影印機搬回去好嗎？

咦咦咦!!
倏地站起
啊!怎麼這麼突然,這樣我很為難啊!
可以請您再考慮看看嗎?
片向事務商會
業務 白系真央(27歲)
不用了。貴公司對我們的要求只會一直拖延。
加上有別家公司開出更好的條件,所以妳還是放棄吧!
怎麼這樣……
片向事務商會
業務部
又被解約了,真是糟透了!
業績一直下滑……
唉,提不起勁,今天還是先回家吧!

要走之前要先把日報寫好嘿。
好！
嚇一跳
最近妳都沒寫吼！
課長　片向進（40歲）
我馬上就寫……
叫我寫甚麼日報啦，反正你又不會看！
白系小姐，紅白商會的南野還好嗎？他以前幫過我忙呢。
啊，負責跟南野接洽的業務已經不是我啦！
咦？我沒聽說啊！
日報裡面有寫唷。
唉……
不對不對不對……
這種事情要親自跟我報備啊。
那寫日報的意義在哪啦？
唉……
所以隨便敷衍就好……
今天跑了五個客戶，其中有一個客戶決定解約。
喀喀喀
喀喀喀
寫好了，回家吧。

接下來我該如何是好？
既拿不到合約，業績又一直下滑，
每天都被罵……
連寫日報都沒勁……
可以找誰幫幫我呢？
我回來了！
幹勁缺缺……
真的是惡性循環！
啊，姊……
真央的妹妹
紗惠子（18歲）
爸又撿了個怪人回家了。
紗惠子，妳怎麼可以這樣說客人呢？
喀
還真的是怪人啊!!!
打擾了！
哇哈哈哈哈
他可是時空旅者哩，厲害吧！
時空旅者……

我被雷劈到之後，好像就穿越了。
而就是父親大人在這時幫了我。
他是我的救命恩人
沒有啦，
哈哈哈哈哈哈
他出現的時候，我還以為是打雷哩，想說蠻好玩的就把他帶回家了。
喂！老兄你還好吧？是在玩COSPLAY？
是在好玩甚麼啦？快報警才對吧？
哪會有甚麼時空旅者啦！
姊，對吧？
的確很好玩！
這對父女沒救了！
我要睡了
滋滋滋
哇哈哈哈
這「啤酒」可真好喝呢！
呼～呼
呼～呼

聽古人說話真有趣。
沒想到未來的變化這麼大，我也覺得很有意思。
話說你叫甚麼名字？
搞不好你是位歷史留名的偉人呢。
別看我這樣，我可也是一位有名的學者啊！
我叫孫武。
沒聽過。
大受打擊
是說真央妳好像很煩惱呢，說來聽聽吧。
咦？
看得出來嗎？
就算我在歷史上沒沒無聞，妳這點心事還瞞不過我。
但是他懂業務嗎？
算了，姑且讓我吐個苦水吧……

所以……就一直被解約。
不管我多努力……業績都沒有改善。
嗚嗚嗚
然後也想不出對策……
所以妳就是想要提升業績囉？
讓我來幫妳解決問題吧。
咦……你有辦法嗎？
不管時代怎麼變，人的共通煩惱都不會變，
所以只要活用兵法，一定可以改善業績的。
是說「葉物」是啥啊？
是怎樣的食物？
這傢伙沒法期待……

古今共通的勝利法則

具備策略性思考邏輯的人才炙手可熱

《孫子兵法》約著於西元前五百年左右，當時正值春秋時代，戰國時代又緊接而來，正可謂亂世天下。在幅員廣闊的中國大陸上，無數國家林立，是一個群雄割據、逐鹿中原的時代。

現代又是如何呢？

放諸四海，雖已多年沒有大的戰亂，但是紛爭與恐攻卻也不絕於耳，長年上演爭奪有限資源的戰事。

放眼日本國內，雖無內戰擾民，但商場上卻也因少子化而面臨市場萎縮、人力短缺與競爭漸趨激烈的窘境。而隨著人口高齡化，工作人口也越變越少，再加上年金制度崩壞、財政破產亦非杞人憂天。今時今日的日本，可也真稱得上「亂世」二字。

就像是這樣子，這世道已經來到了前所未有的艱困處境，**而具備策略性思考邏輯的人才炙手可熱**。

在春秋戰國年間，中國開始會徵調老百姓上戰場打仗。畢竟正值戰國亂世，士兵資源格外稀缺。此時，領導者最需要具備以有限資源達成目標的戰略，才能夠召集一群未經訓練的烏合之眾，並有組織性地指揮調度他們。

現代商場亦然。今時今日的企業裡龍蛇混雜，除了正職人員之外，還包括契約人員、兼職人員、時薪人員、派遣人員等員工。除此之外，即便是正職人員，也有人幹勁缺缺，抑或是能力欠佳。即便如此，領導人仍然必須率領這良莠不齊的組織，在競爭嚴峻的商場戰役上過關斬將。而《孫子兵法》的戰略思考，極具參考價值。

孫子重視現場判斷，其優先度甚至超過君王命令

在古代中國，國君或是將軍或許對戰略爛熟於胸，但是今時今日已經沒有所謂的階級制度，可是就企業組織的角度來看，內部也會進一步細分為事業群、部、課、組、團隊等單位。每個人在各自的歸屬單位中都有機會擔任領導一職，因此都有具備策略性思考的必要。

孫子曾說過：

「故戰道必勝，主曰無戰，必戰可也；戰道不勝，主曰必戰，無戰可也。故進不求名，退不避罪，唯民是保，而利於主，國之寶也。」（地形篇）

孫子認為，根據分析有必勝把握的戰役，即使國君主張不打，也可主戰；反之，根據分析沒有必勝把握的戰役，即使國君主張開戰，也可主和。也就是說，各

個現場都有現場的領導，而這些領導無須凡事對頂頭上司唯命是從。

但是這些判斷都必須是出於體惜下屬、為國為民，同時就結果而論，能夠為頂頭上司創造利益，而不是為謀求勝利的名聲，乃至迴避失利的罪責。這樣的人才，才是國家的寶貴財富。

孫子在書中的論述頗值得玩味，畢竟當時明明是個不講人權的封建時代，但是他卻沒有主張凡事都要對國君言聽計從。

孫子兵法的馭人術

而孫子也有談到亂世裡的用人之道：

「視卒如嬰兒，故可與之赴深谿；視卒如愛子，故可與之俱死。」（地形篇）

平常對待士卒像對待嬰兒，士卒就可以共赴深谷（共同面對受到敵軍攻擊的劣勢）；對待士卒像對待自己的愛子，士卒就可以生死與共。

生死與共聽起來有點過頭了，但是即便是在現代商場上，這套認同下屬存在，從日常生活就建立起信賴關係的馭人術依然頗為受用。如果彼此缺乏信賴關係，出事時也別奢望對方肯跟自己同甘共苦。

然而畢竟事關戰爭，因此孫子也有額外補充注意事項：

「厚而不能使，愛而不能令，亂而不能治，譬若驕子，不可用也。」（地形篇）

即便認同士卒，並對其禮遇有加，但若是無法予以確實管理，讓士卒願意聽令行事，那士卒就如同被寵壞的子女，是無法帶著共赴沙場的。因此必須小心拿捏分寸。做生意可不是在提供心理諮商，因此有些事還是得做好。

領導者需要兼具策略性思考，以及體恤下屬的人格特質。下面就讓我們跟著漫畫故事，一邊學習孫子流策略性思考，以及作為領導者的理想面貌吧。

出其不意的孫子戰略

戰略，亦即將「戰爭」給「略過」？

從第一章起，我將會具體地帶領各位進一步了解，《孫子兵法》究竟如何在現今商場、企業經營裡派上用場。而對於這部撰寫於兩千五百年前的兵法書，我現在則要先讓各位掌握將其活用於現代的重點：

「兵者，詭道也。」（始計篇）

這是《孫子兵法》當中最容易引人誤會，以致對其敬而遠之的一句話。「戰爭就是需要欺敵，令對方出其不意」，許多人會提出「怎麼可以為求勝利不擇手段？」、「靠著欺敵獲勝有違武士道精神」等論述，而對此我也並非難以理解。

但是戰爭可說是生死攸關，即便堂堂正正地與對方兵戎相見，輸了一切轉眼成空。所以，孫子的論點就是要盡可能避免戰爭，即便要打仗，也要避開會造成最大損害的正面衝鋒。

因此才要出其不意，令對方摸不清自己的底細，藉此於戰爭中居於優勢。

而在現代商場上，則是要避免無端的競爭和價格殺戮戰，孕育出別人沒有想過的全新市場，與「藍海策略」可謂同理可證。關於「藍海策略」，或許也會有人覺得即便找到所謂的藍海，往往也會被其他競爭對手模仿，以致藍海染紅。但是請各位放心，只要學會本書第二章所介紹的商戰策略，就可以有效避免上述情事發生。

孫子最重視情報資訊

情報資訊，這是擬定戰略的必要條件。其實即便是兩千五百年前的戰爭，同樣不脫情報戰的範疇。

關於情報資訊孫子這麼說：

「故明君賢將所以動而勝人，成功出於眾者，先知也。先知者，不可取於鬼神，不可像於事，不可驗於度，必取於人，知敵之情者也。」（用間篇）

之所以明君和賢將能夠百戰告捷、建功立業，原因就在於能夠料敵機先。先敵人一步掌握其資訊，才是戰勝的關鍵所在。而不可求神問鬼，不可用日月星辰運行的位置推算，一定要取之於人，從那些熟悉敵情者（間諜）的口中獲取資訊。這是孫子在西元前五百年就言之鑿鑿的事情。

卑彌呼以祈禱、咒術等物治理邪馬台國，時值西元兩百年前後，而孫子早其百年就已經留下「要以人為資訊來源，而不要求諸占卜」的教誨，由此可見孫子為何能超越時代和國家，備受世人讚譽。

在《孫子兵法》十三篇中，孫子甚至撰寫了「用間篇」，特別論述指揮調度間諜、策畫諜報戰略的方法等，其對資訊的重視程度可見一斑。

而孫子也提出優秀人才擔任間諜的論點：

「故明君賢將，能以上智為間者，必成大功。此兵之要，三軍之所恃而動也。」（用間篇）

明智的國君與賢能的將帥，只要能用智慧高超的人充當間諜，就一定能建樹大功。這是用兵的關鍵，由於全軍上下如何行動都要依靠間諜提供的敵情，一旦資訊有所謬誤，則可能導致全軍陷入險境，因此間諜所帶來的敵情至關重要。

而在現代商場上，則可以將間諜的角色代換為業務部門、業務。業務每每需在實行戰略的最前線遊走，獲取第一手市場和競爭對手的資訊，或是釋放欺敵情報，所謂業務，就是靠著「情報的力量」推行商業活動。

也有公司輕忽業務部，把業務視為單純的「銷貨人員」，認為他們只要負責賣東西就行了。而這種做法無疑是「暴殄天物」，他們並沒有一種認知，那就是業務是在最前線實行策略的重要角色。而從最前線獲取的資訊也能夠幫助公司擬定策略，乃至於對策略做出修正。

本書主角真央正是上面所述的業務。而隨著漫畫故事進展，孫子除了會教她如何改善作為前線業務的現狀，同時也會提及除了「賣東西」之外，業務職還能如何活躍於職場上。除了現正從事業務職的人以外，希望從事非業務職工作的人，乃至於身居管理階層的人也都能夠作為參考。

帶人不能只靠胡蘿蔔與鞭子

在前面的篇幅裡，我們已經稍微接觸到《孫子兵法》一書中關於用人管理之道的部分。接下來讓我們來看看孫子洞悉人性的智慧吧。

《孫子兵法》關於賞罰，有以下指摘：

「數賞者，窘也；數罰者，困也；先暴而後畏其眾者，不精之至也。」（行軍篇）

不斷犒賞士兵的將領，是陷於士氣低迷的窘境；而再三懲罰士兵的將領，是陷於士氣疲弱不振，不願聽令行事的處境。不管或賞或罰，上司都是懷著藉此令下屬聽令行事的意圖。而就孫子看來，這類意圖可謂顯而易見。

此外，孫子也指出先對士兵暴虐，後又恐懼士兵叛離的將領，可說是最不會用兵的蠢將。各位周遭是否也有這種企圖以權壓人的管理階層呢？

褒獎與斥責在作戰時在所難免，**但是可千萬不要覺得光靠胡蘿蔔與鞭子就可以控制人啊**。

希望透過本書的閱讀過程，讓各位了解，雖然《孫子兵法》一書著於兩千五百年前，其中卻飽含適用於現代商戰的真知灼見。

第一章｜CH1

塑造強大的個人與組織——取得先機

【故兵聞拙速，未睹巧之久也。】

真央被迫與業務部王牌三宅對賭，若是她在一星期內沒有簽下契約，就得引咎辭職，而真央卻沒有任何像樣的策略……

哈欠
早啊！
早安！
昨天喝了不少呢！
咦？孫武人呢？
說是去圖書館。
幹嘛去圖書館？
我得先學習些現代的知識，才能幫真央啊！
圖書館？居然有如此厲害的地方！

他是真的想幫我啊，好開心唷！
是說現代社會跟古代的確差很多吼。
我要開動了……
…
老姊，妳真的相信他是時空旅者哦？
還真天真！
甚麼意思？
他就是啊
太單純了！
close
圖書館
媽媽，那是甚麼？
別看
還沒有開門啊……
喵
片向事務商會
喀
死氣沉沉
又被解約了……
我是不是不適合當業務啊？
沒有人馬上就駕輕就熟的。
唉

人就是要歷經失敗才會成長。
只要找到適合的方法，妳也一定能簽到契約的。
有甚麼不懂的地方都可以問我。
謝謝你！
課長人太好了！
但是……
各位，休息時間結束了唷！
社長都沒說話，沒關係吧！
對啊！對啊！
那已經是以前的事啊……

他的軟弱卻也讓威嚴蕩然無存。
拜託你們了……
大家都不把他當一回事……
片向事務商會
辛苦了！
喀嚓
唉！今天也沒簽到約……
三宅先生，
咦？
有人投訴你，說你跑業務的方式太強硬了……
你在說啥話啊？我的做法沒問題啊！
手段不強硬點，誰會想租印表機啊？
我的業績這麼好，你還是閉嘴吧！
真央的同事
三宅遼太

總……總之
拜託你啦。
給我閉嘴！
老子可是業務部的王牌耶！
去
喂！三宅，
你憑甚麼跟課長說話這麼沒大沒小！
蛤？
不干妳的事吧？
課長只是人太好不責備你，你的風評真的很差耶！
搶下屬的業績……
剩下的我來做就好
揮～
乾啦！
隨便亂花應酬費！
別笑掉我的大牙了，我都是在幫那扶不起的阿斗耶！
他甚至還該跟我道謝哩！
話說，妳這個月業績也掛零嘛……
還好意思講話這麼嗆！
語
塞

等簽到約再來說嘴吧！不要以為是同期進公司，
就隨便干涉老子的事。
好啊！約隨便都嘛簽得到。
奸笑
那要來打個賭嗎？
賭甚麼？
如果一個禮拜以內妳都簽不到約，就離職吧！
蛤!?
為什麼我要離職啊？
我看妳不爽很久了。
進公司好幾個月都簽不到約，還賴著當業務。
簽得到吧？
契約！
嗚嗚……
……

簽就簽啊！
我簽到約以後，你就給我收斂一點。
賭局成立。
孫武先生，快幫幫我！
快幫我把業績衝上來……
碰！
謝謝母親大人
孫武先生很適合穿孩子她爸的衣服呢！
FUJI SAN
原來如此……
這時代的仗是這樣打啊！
真有趣！
這樣下去我就要丟飯碗啦！
但這場仗妳會輸。
刷
咦？

打仗時要做好萬全準備。
臨戰時一定要具備必勝的決心。
雨天決戰！
吳
也就是說，勝敗在決戰前已經八九不離十了。
關於這點，那個三宅做得可圈可點。
甚麼意思？
他看穿妳直腸子的個性，進而跟妳打賭。
或許把時間設為一個禮拜，也是他的戰略呢！
所以代表他有自信，我一個禮拜絕對簽不到約囉？
妳的業務技巧或許出了致命的問題，所以不管怎樣都簽不到約。
這該怎麼辦？
但是他的計畫也有失算。
咦？

那就是沒有把我給算進去。
孫武先生
真央，妳每天都有寫報告書對吧？
你說日報吼。當然有啊！
資訊是打仗時不可或缺的東西。
掌握資訊，就能百戰告捷。
在跑業務的戰場上，資訊同樣會左右勝敗。
讓我看看妳寫的日報。
好！
這是啥？
日報啊！
?

今天跑了五家公司。
今天跟一家公司提了案，但是被拒絕了。
啊～
這種東西怎麼會有用！
妳寫的東西不外乎就是在說「自己很努力」、「沒有偷懶」而已啊。
當然啦，本來就是為了避免業務偷懶，才有日報這種管理工具嘛。
裡面要極力避免對自己不利的事項，好事則要誇大成十倍傳達給上司。
大家都是這麼做的啊！
蠢貨，那種徒具形式的報告派不上用場的。
首先，妳要先斷絕這種行動管理形成的惡性循環。
行動管理日報的惡性循環
粉飾太平
下屬
隨便寫寫
日報
上司
反正下屬都隨便寫寫
上司
不會讀
下屬
反正隨便寫寫也不會穿幫，也不會被罵

FUJI SAN

你在說啥啊？意思是只要老實寫日報就可以簽到約嗎？
如果這樣就可以簽到約，大家就不用這麼累了啊！
……
把策略寫進日報裡面就行了。
咦？
只要回顧自己跑業務的過程，構思接下來的策略，並把所需的資訊整理進日報就行了。
日報
靈光一閃
這道理也可以用在打仗上啊！
啪
啪
刷刷
啪
咦？

勝兵先勝而後求戰
敗兵先戰而後求勝
勝兵先勝而後求戰，敗兵先戰而後求勝。
呆——滯
……
甚麼意思？
會贏的軍隊是在有贏面的條件下才打仗，
會輸的軍隊是在開始打仗後，才想要怎麼贏。

日報
日報這項武器，會帶領妳走向勝利。
這樣必能打勝仗！
FUJI SAN
……
但是我能做到嗎？
真央！
嚇一跳
妳難道打算永遠都不思策略，光靠一把竹槍去打仗嗎？

殺———
請租台
印表機吧!
不
租
啊啊啊
掃地出門
教教我該怎麼寫日報……
這個嘛……
容我想想。
隔天
您好!
在印表機的使用上有沒有問題呢?
沒有!
我正在忙
唉呀,我們現在還沒打算換印表機呢。
不用
不用
喀喀喀
喀喀喀
應該很貴吧!
我們剛換印表機耶!

嗚嗚嗚
今天也跟平常一樣毫無斬獲。
真央……
還有六天，
可別忘記賭約喔！
笑嘻嘻
笑嘻嘻
噁爛死了！
我知道啦！
這傢伙真好鬥！
噗噗噗
我絕對不能輸！
我還有日報這個武器。
要怎麼使用日報？
喀喀喀
喀喀喀

就我看來，妳以前寫日報時只會寫到自己做了甚麼，卻不會寫客戶的反應。
內容不外乎就是「今天去A公司報價、去B公司展示新產品」之類的。
沒錯。
這樣子無法從中獲得下一步該怎麼做的提示。
唉～
唉～
所以在寫日報時，要確實寫到下一步的行動計畫。
譬如——像是這樣：
今天去A公司報價
今天去A公司報價，結果對方表示「產品好是好，但是價格偏高」，所以下次去拜訪時，要提供列有自家產品、對手產品的原始成本和定期成本的比較表。藉此傳達自家產品雖然在原始成本方面較高，但是拉長到三年來看，價格反而會比其他家的產品便宜。
這麼多哦
只要重複上述作業，記錄對方在商談中的反應，就可以逐漸積累有助於成交的詳細資訊。
不用
不用
日報
資料庫
有朝一日，這些資訊將會轉變為最強而有力的策略書。
只能相信孫武先生了！
喀
喀
喀

但是資訊的儲存沒有這麼快。
哈哈哈
三天後
才三天根本存不到甚麼資訊啊……
只能靠數量取勝了，畢竟只剩下三天了。
我去跑客戶了。
稍等一下。
課長……？
現在就要去跑客戶了？
嗯……是啊！
妳有準備甚麼嗎？
啊！沒甚麼準備……
果然是這樣！
妳來一下！
咦
抓
緊
走走走
怎、怎麼了？
……

碰
唰唰唰唰唰
幹……幹嘛？
妳怎麼了？最近日報寫得不一樣了。
咦？
你認真看過我的日報啦？
是啊，妳的日報比以前好很多。
我還是第一次看到寫得這麼認真的日報呢！
謝謝啦！
但也因此知道妳為什麼簽不到約了。
蛤？
妳跑業務的時候，只知道詢問對方需求，
卻缺少了策略。
當然不可能簽到約啊！
妳到底是在幹甚麼啊？
咦……你指的是？

多虧有日報，讓我清楚知道妳的問題。
嗚……
所以我才不想要寫清楚的……
妳的缺點就是在跑業務時，沒有先查好對方的相關資訊。
第一次
您有甚麼需求呢？
讓我想想
第二次
這是提案書
我現在很忙
而在聽完對方需求之後，也要快點約時間去跟對方提案。
妳的做事方法完全事倍功半，
反而會讓談生意的機會變少。
咦？
那我該怎麼做呢？
聽好了！
跑業務之前，妳要盡可能透過官網、新聞、IR資訊等途徑，收集對方的資訊，
藉此擬出一個對方可能會買單的好故事之後，再去提案。
○公司資訊
收集資訊
提案能通過就再好不過，
如果沒過也可以作為另一個起點，加深與對方的接觸。
原來如此……
提案A
反應一般
對方喜歡
聽對方的需求
提案B
深入介紹
簽約前的想像

這就是孫武先生說的「先勝」啊！
原來只要好好寫日報，就可以得到有用的建議啊！
你怎麼不早點說呢？
總之……能讓妳了解，真是太好了。
謝謝課長！我馬上來試試看。
去
誰叫你多嘴！
我從貴公司的官網上發現……
咦
有這樣子的技術啊……
是這裡嗎？
嗯，的確會搞錯呢！
我重做一次
本產品非常符合貴公司的需求……
跟我詳細說說吧！

碰
孫武先生，我簽到約了！
！
啊啊，是真央啊，恭喜妳！
呼呼
這麼早睡？
看樣子，妳日報運用得不錯。
而且課長看完日報後還給我建議呢！
之後我只要把跑業務上的困擾寫進日報，也比較容易獲得建議了。
原來如此！只要寫上相關資訊與後續策略，上司也比較容易給予指導呢。
嗯嗯……
靈光一閃

不知軍之不可以進而謂之進，不知軍之不可以退而謂之退，是為縻軍。
於不應進軍時，下令進軍；於不應退兵時，下令退兵，這就叫牽制用兵，對軍事行動造成危害。
咦？
在行軍打仗時，正確的資訊渠道也相當重要！
管理者得要能掌握第一線的情況。
當管理者對第一線的情況掌握付之闕如，他下達的指令就有害無益！
哇哇哇
哇哇哇
如果所有下屬都正確使用日報，
將軍也可以更正確地掌握第一線的情況。
下屬
下屬
下屬
下屬
日報
將軍

資訊
最佳情況是團隊成員能共享資訊。
所、所有人嗎？
這都是真央妳的功勞啊！這套做法，打仗也能用呢！
得快點記下來
但是要建立這樣一套系統很費工呢！
不知道課長能接受這個想法嗎？
那麼要不要試著用用看那個「雲端」呢？
咦？雲端？
你知道哦？
我在圖書館查到的。
這世界好多方便的東西啊！
幾乎是取之不盡了
還真厲害，居然能理解甚麼是雲端……
也差不多該讓我睡覺了。
明天我還要去圖書館呢。
妳的想法也跟我一樣嗎？
片向事務商會

咦？課長也是這樣想嗎？
我深刻地體會到如果不掌握第一線情況，就無法好好管理。
所以我也認為團隊成員共享資訊是一個好方法。
好厲害啊，他的想法跟孫武先生一樣……
搞不好課長其實很能幹呢。
我這就來跟社長提案。
沒問題嗎？
雖說是社長，但他其實是我爸嘛，我會努力說服他的。
不好了！
社長倒下了！

「速度」就是最大的差異化戰略

速度是重中之重

「其用戰也貴勝，久則鈍兵挫銳，攻城則力屈，久暴師則國用不足。」（作戰篇）

孫子指出時間拖延一久，必使軍隊疲憊，銳氣盡失，而攻城戰這類蠢方法也會令軍隊戰力消耗殆盡。加上長久用兵在外，必使國家財用不足。

此外孫子還提到：

「故兵聞拙速，未睹巧之久也。」（作戰篇）

這是指有軍隊在作戰方面稍顯拙劣，但仍能靠著速度打勝仗；卻從未聽過有軍隊步步為營拉長戰事後，還能夠打場漂亮勝仗的情況。

現代的競爭環境亦是日新月異，變化非常劇烈，做生意首重速度。儘管每個企業、第一線的要求都有所不同，但是大多須具備「客戶應對速度」、「配送速度」、「製造速度」等競爭力。

我不在此一一贅述上述項目，只提及作為基礎的「經營速度」。

何謂經營速度？

而「經營速度」究竟是甚麼呢？

那就是「決策速度」，以及幫助做出決策的「資訊傳遞速度」。

我們也可以將「決策速度」拆解為由規畫（Plan）、執行（Do）、查核評估（Check）、改善行動（Action）所組成的「ＰＤＣＡ速度」。而為了提升上述速度，「資訊傳遞速度」不可或缺。

譬如有兩間公司，一間公司在月會裡做出決策，另一間公司則在週會裡做出決策。理所當然的，後者的「ＰＤＣＡ」循環也會較為迅速。

但也並非單純地提升決策次數就行了。在開會之前必須獲得足以進行決策的新資訊，否則開會次數再多，拿來討論的材料還是都一樣，只不過是在鬼打牆罷了。

因此我們需要具備「資訊傳遞速度」。

為了讓「決策速度」由每月加快為每週，再進一步加快為每天，我們必須建立一套可以每天匯集資訊的系統。

雖說現代科技可以瞬間傳遞資訊，但是當所傳遞的資訊是一週前的舊資訊，「資訊傳遞速度」也就仍落在「每週」的層次。**就我看來，為了同步提升「決策速度」與「資訊傳遞速度」，導入以日報進行「每日情況控管」的系統最為妥當。**下面篇幅將會詳細解說這些部分。

不分敵我，物盡其用

「智將務食於敵。」（作戰篇）

意思是當一位優秀的將軍深入敵地時，將會從敵地調度食物。換言之，應用在商戰策略上時，就是要對敵方企業的資源物盡其用，無須凡事都親力親為。如果缺乏上述意識，就無法提升「經營速度」了。

這也是現代商場上的「併購策略」。或許有些人會認為併購只有大企業才會做，但是隨著時代演進，中小企業面臨提高企業認知度、公司法施行與人才確保等問題，因此也逐漸將併購視為戰略之一。

最簡單的併購就是買下位在不同地區的同業公司。由於對彼此的經營領域與商品都知之甚詳，因此談起來也比較方便。但是在這種時候，彼此畢竟還是競爭對手，因為感情用事而認為「我不想跟他們聯手」、「我們曾經被這家公司搞過」，以致談判破局的情形也殊非少見。

因此孫子說：

「故殺敵者，怒也；取敵之利者，貨也。」（作戰篇）

孫子認為要軍隊奮勇殺敵，不可感情用事，而是要客觀分析利害關係，激勵士氣，使其仇恨敵人；要奪取敵軍資源物盡其用，就必須給予士兵重賞，否則可是會吃虧的。

提高經營速度的利器

將「單純的報告」轉變為「計畫書」

當我們為了提高「經營速度」，而打算進行每日控管時，就必須先建立一套能每天從第一線收集資訊的系統。而只要仰賴「日報」這種常見於日本企業的報告形式，其實就可以建立這套系統。

其實每日控管就是「就當日所發生的事情進行報告」，簡單說起來就是所謂的「日報」囉。但卻有不少的企業和個人會將「日報」，跟用以管理業務員行動的「業務日報」混為一談。

漫畫中的女主角真央也是如此。傳統的「日報」是一種管理工具，用來避免業務混水摸魚。而對於業務本身來說，寫日報缺乏意義，反而是種討人厭的東西，容

易讓上司借題發揮，臭罵自己一頓。

所以業務通常會虛應故事，只提到對自己有利的事項，結果就產生了所謂「行動管理日報的惡性循環」。

而今時今日的每日控管，要控管的地方是客戶對於策略實施後的反應，以及市場動態，而非業務本身做了甚麼。

其實我們能夠頗為簡單地將日報從「單純的報告」轉變為「計畫書」呢。

解決上述問題的方法，就是善用《孫子兵法》：

「勝兵先勝而後求戰，敗兵先戰而後求勝。」（軍形篇）

常勝軍會先做好充足準備，確定自己能打勝仗之後，才投入戰事；敗軍之師則是貿然投入戰事，之後才開始思索如何取

勝。

只要將上述孫子教誨活用於商務場合，把日報從傳統的「報告書」轉變成用以描繪未來藍圖的「計畫書」，就可以讓每日控管的效果一口氣提升許多。將日報兩字拆解開來，可以發現其中帶有「每日的報告」的意涵，但我們還是要果斷地讓日報蛻變為「計畫書」。

做法其實很簡單，**只要在日報裡加上預定計畫欄就行了**。

因此各位讀者也可以從明天開始就身體力行。

在填寫完此欄位，並在腦海裡先行想好接下來的策略之後，才去拜訪客戶談生意。

在這樣的「日報」中又可以獲得客戶當天的反應、全新的市場資訊等珍貴資訊。畢竟若是沒有先把客戶當天的反應給寫進日報，也就無法擬定接下來的策略了。

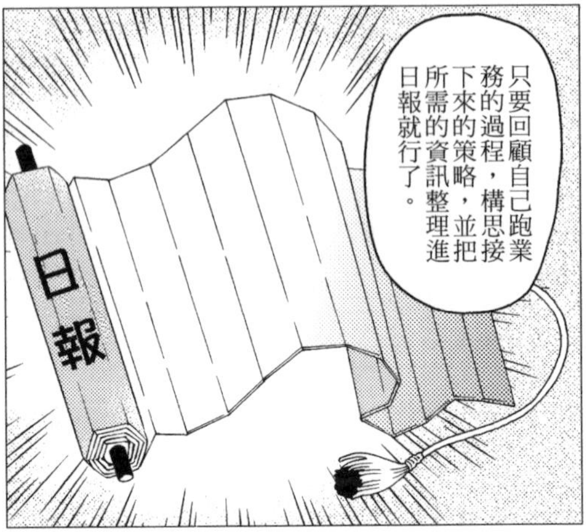
只要回顧自己跑業務的過程，構思接下來的策略，並把所需的資訊整理進日報就行了。
日報

可以控管客戶反應

傳統的「報告型」日報以管理業務行動作為目的，撰寫者都會盡可能強調自己很努力，因此內容大多不脫下列俗套：

拜訪了A公司，展示了新產品
拜訪了B公司，提供了報價
拜訪了C公司，處理了客訴問題

以上這些東西對經營策略、商務策略的擬定都沒有幫助。

而在日報裡加上預定計畫欄，把日報打造成「計畫書型」報告之後，內容則會出現下述改變。

拜訪了A公司，並展示了新產品，但是對方表示：「功能看起來是不錯，只是不知道有了它，對我們的生活有甚麼改變？」

【預定計畫】

於〇月〇日帶著概念圖前去拜訪A公司，藉此讓對方了解使用方式並加深產品印象。為此，必須在本週週末前拍攝產品使用圖，並完成市場調查。

拜訪了B公司，並針對服務提供報價，但是對方針對價格提出質疑，表示「我知道這東西不錯，但似乎有點貴」。

【預定計畫】

於〇月〇日帶著價格比較表前去拜訪B公司。藉此讓對方理解我公司服務絕不將日報從「報告」轉變為「計畫書」

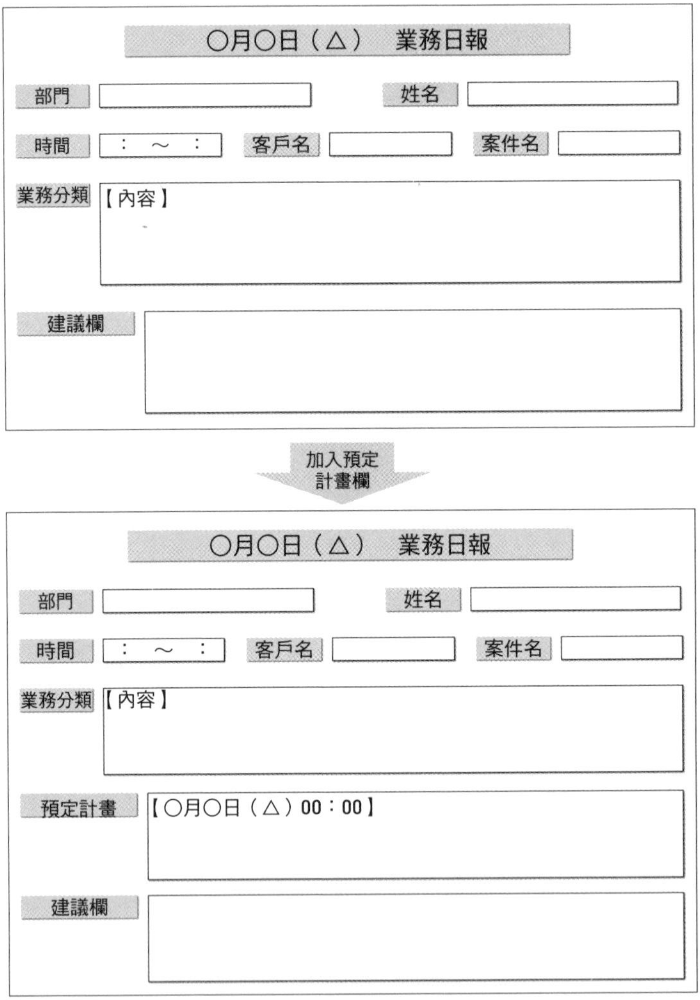
○月○日（△）　業務日報
部門
姓名
時間
：　～　：
客戶名
案件名
業務分類
【內容】
建議欄
加入預定計畫欄
○月○日（△）　業務日報
部門
姓名
時間
：　～　：
客戶名
案件名
業務分類
【內容】
預定計畫
【○月○日（△）00：00】
建議欄

昂貴。

拜訪了C公司，對方對現正利用的服務提出客訴，認為服務故障時無法當日應對，實在不方便。

【預定計畫】

於○月○日帶著手邊針對日前C公司反應的服務故障排除案例前去拜訪，並向對方說明。

多出了預定計畫欄，因此就必須多寫以上內容，70頁提供有計畫書型的日報格式例，各位可以用來參考。

例如以B公司的案例來說，對方表示「我知道這東西不錯，但似乎有點貴」，針對價格提出質疑。撰寫日報的重點就在於有效控管這類客戶反應。若換做是週報，資訊傳遞速度就會變慢，連帶導致「決策速度」變慢。想想若是在週報，甚至是月報上才提到如何改善服務，並做出新產品在策略上的變更等，就會導致下一步應變動作的時機不夠即時迅速。

需要會看風向的諜報員坐鎮第一線

業務的工作內容是去拜訪客戶，奮戰於市場最前線，而他們的任務也包括確實收集最前線才能獲取的資訊，並向上司呈報。也就是說，他們在工作上必須具備「諜報」（間諜）意識。

我把這稱做「會看風向」。所謂的風向是一種比喻，代指那些無法透過電子郵件、傳真、視訊會議收集的資訊。

業務在前去拜訪客戶時，都需具備身為諜報員的意識，要設法取回只有在第一線才能取得的資訊。

如果特地花費時間與金錢去拜訪對方，卻只取回靠電話與電子郵件就能夠取得的資訊，這種表現就沒甚麼值得稱道的了。

諜報員每天都遊走於策略推動的最前線，接觸到第一手的市場資訊，他們帶回來的資訊在決策上也極其珍貴。

孫子留有以下話語：

「眾樹動者，來也；眾草多障者，疑也；鳥起者，伏也。」（行軍篇）

許多樹木搖動，是敵軍隱蔽而來；草叢中有許多遮障物，是敵軍故布疑陣；群鳥驚飛，是敵軍埋有伏兵。也就是說，見微知著的本事相當重要。

從眾樹動、草障多、驚鳥起等徵兆，掌握敵軍（客戶、乃至於競爭企業）的動向，這是組織希望諜報員做到的每日控管。

以這些資訊為基礎，才能夠擬定接下來的計畫，也就是之後的行動、推動方式和戰鬥方式。

透過「假設式思考」達成「先知先行管理」

從只會詢問對方需求，到會做假設式思考

對於掌握主動權，孫子說：

「凡先處戰地而待敵者佚，後處戰地而趨戰者勞。故善戰者，致人而不致於人。」（虛實篇）

先行抵達戰地等待敵軍到來者，可精力充沛、以逸待勞，而後抵達戰地匆忙投入戰鬥者，則被動勞累。因此善戰的軍隊會掌握主動權，絕不會被敵軍牽著鼻子走。

拿到商場上來說，也就是要具備「假設式思考」了。所謂的假設式思考，就是在收集資訊的過程中，以及進行分析作業前，先行引導出某種程度的「結論」（假設），並於驗證該假設的過程當中，引導出更為正確之結論的思考法。

列在日報上的預定計畫只不過是假設，但也多虧列有假設，才能夠更有效率地掌握最佳解答，也能夠以假設作為基礎，先行投入準備。**商務人士只要在日報上記載預定計畫，就可以時刻進行「假設式思考」，並在談生意時掌握主動權。而這也是一種良好的訓練和練習。**

如果缺乏「假設式思考」，跑起業務就會跟一開始的真央沒兩樣。只會一股腦兒地拜訪客戶，詢問對方的需求。即使過程中有幸詢問到對方需求，也得再回到公司，針對該需求做好準備之後，才能再次前去拜訪對方。

而在設置預定計畫欄之後，就可以先透過「假設式思考」，先行就顧客的需求做好準備，再前去拜訪對方。雖說以「假設」為基礎所做的準備仍有可能猜錯，但是畢竟也有可能正中對方需求。此時就可以帥氣地拿出準備好的資料，表示：「我就想說您會提到這部分，所以已經先行準備好資料了。」如此一來，在這次拜訪就可以談到具體內容了。

雖說並非每次都有可能正中下懷，但是相較於缺乏假設，每次都得費兩次拜訪時間的做法，具備假設的做法有可能一次就奏效，因此毫無疑問地，後者與前者可謂天壤之別。**而若是能學習漫畫中所教的方式，將自己的假設寫在日報上，也更方便讓上司留下適切的建言。**

將「先行指標」納入考量

在以「假設式思考」推動策略時，得將「先行指標」納入考量。

假設各位目前的業績目標是每個月拿到十張訂單，先行指標的假設則是要提出二十份提案書。而為了提出二十份提案書，就需要有三十個口袋名單。為了確保三十個口袋名單，則需拜訪五十間公司。總之就是要逐步設定指標。

它們全都是所謂的假設，但也因為有這些先行指標，才能夠每天驗證假設的正確性。也就是說，ＰＤＣＡ能夠持續維持運轉狀態。

雖說得要經過一個月的時間，才能知道該月是否有拿到十張訂單，但是在建立先行指標之後，業務就知道自己必須每天拜訪兩、三間公司，同時須以每天一份的節奏提出提案書。

如此一來，如果最後的訂單數量達標，則代表假設正確；若訂單並未達標，則代表先行指標在數字設定上太過隨興，或是所設定的先行指標對業務沒有幫助。從而可以根據原本的基礎修正假設，進而逐步提高在策略實施上的精準度。

上述說明案例的時間單位為一個月，若各位公司所販售的商品的商談期間較長，必須以三個月期，乃至於半年期為單位進行先行管理，同時每日驗證假設的正確性時，我將此先行指標稱做「先知先行管理」。

關於此先行指標，我會留到第二章與平衡計分卡「ＢＳＣ」（Balanced Score Card）一併介紹。

打造「由下而上」型的組織

可以讓頂頭上司好好幹活的「由下而上」型組織？

在前面的篇幅當中，我們看到了活用日報達成每日控管的方式。而這套系統不只能夠控管策略於第一線實施的狀況，同時還能夠向高層回饋第一線人員的假設（想法、意見），進而幫助企業進行決策。也就是說，這是建立「由下而上」型組織的基礎。

在這瞬息萬變的時代，企業在行動上必須以親身接觸、切身感受其變化的第一線人員為主體。但是卻也不能任憑第一線人員隨意行動，而是要做到第一線情形的「可視化」，進而引導出正確的決策。

即便上司、經營者的能力何其優異，且擅長策略思考，在決策時仍然需要第一線的資訊。

所謂「由下而上」型組織，指的並非基層隨意行動，而是要由基層傳遞正確資訊給上層，讓上層做出正確的行動。

對此孫子說：

「不知軍之不可以進而謂之進，不知軍之不可以退而謂之退，是謂縻軍。」（謀攻篇）

於不應進軍時，下令進軍，於不應退兵時，下令退兵，這就叫牽制用兵，對軍事行動造成危害。

也就是說，有些高層明明沒看過第一線情形，卻總是以上行下效的方式投出牽制球，進而導致第一線人員做事綁手綁腳。孫子正是對此提出警告。

相反地，當第一線的資訊能夠確實傳達給高層時，高層也就必須做出正確的決策了。

金流是「血液」，資訊流是「神經」

相信各位看到這裡也能夠理解，為了建立一個「由下而上」型，又或說是現場重視型的組織，都必須進行正確的每日控管。就我的說法，對於企業來說，每日控管系統就相當於人體內的「神經」。**金流象徵企業這個巨人體內的「血液」，資訊流則是體內的「神經」**。而若是神經系統每週才聯通一次，那可是會攸關性命安危的。

時下ＩＴ技術日新月異，網路也日益普及。別說是每日控管了，只要透過物聯網等技術甚至可以實現即時控管。但是畢

但是要建立這樣一套系統很費工呢！
不知道課長能接受這個想法嗎？
那麼要不要試著用用看那個「雲端」呢？

竟事關有血有肉的人，要做到即時控管確實也會產生負荷，所以首先還是從每日控管開始做起吧。

以前的每日控管是以紙張進行，因此資訊的傳遞速度遲遲無法上升，畢竟各據點間、各部門間要共享資訊著實困難。**但是現在市面上越來越多可供免費使用的「雲端服務」，只要將相關資訊存入共用資料夾，就可以與部門成員共享資訊了。**

除此之外，也開始有免費的資訊共享ＡＰＰ問世，即便出門在外也能夠第一時間更新、確認日報。而每月只要支付數千圓就可以使用的專門系統也是一個好選擇。

商務人士（特別是時常外出的業務），乃至於據點分散各地的企業若是能善用ＩＴ科技，反而能減少通訊費用，並做到資訊活用。我認為捨棄以紙張書寫的傳統日報，改採用以ＩＴ技術建構的日報系統會是一個不錯的選擇。

相信只要活用雲端技術，就可以加速消除上司與下屬間的溝通謬誤，同時讓同事間，甚至是不同部門、據點都能夠互相提供建議，並共享資訊（關於這部分將留待第三章詳述）。

在漫畫當中，從古代穿越而來的孫子也提議使用雲端技術。當然，現實中的孫子是兩千五百年前的古人，自然不會在當時就要大家活用ＩＴ技術。但是當我們要在現代的商場上活用《孫子兵法》時，就必須要透過ＩＴ技術來提升經營速度，並活用資訊，進而達到漫畫當中所敘述的「先知」境界。

第二章 | CH2

【是故百戰百勝，非善之善也；
不戰而屈人之兵，善之善者也。】

如何不戰而勝
——先求立於不敗

社長驟然離世，片向事務商會頓時面臨樹倒猢猻散的局面。
於是真央求助孫武，得到了「打造全新市場」的建言。
孫子所提案的「非戰策略」是否能奏效呢？

片向事務商會
事出突然……
那個～
我片向進將遵照先父的遺言擔任代表社長一職。
雖然還是後生小輩……
還請各位多多指教了。
開甚麼玩笑！
咦……
誰還要繼續待在這快沉的破船上啊！
議論紛紛
議論紛紛
我也是因為老社長對我有恩，才肯在這繼續努力打拼的。
可沒為你賣命的打算啊！

我們沒理由繼續待下去了。
！
謝謝照顧。
我也閃。
魚貫而出
魚貫而出
等一下啊你們！
我也是，不好意思……
唉……失敗了啊！
明明再撐一下就能達成計畫了。
哼……
計畫？
不妙，被妳聽到了……
但算了，反正我也要離職了。
其實我原本打算拿下這間公司。
蛤!?
當上社長之後就找個外資把公司賣掉，然後我就發啦。
所以妳這種片向派的人對我來說很礙事啊！
這傢伙？
你根本是爛人！

我知道啊！
那就加油吧，社長大人。
謝、謝謝……
碰
人一下少這麼多……
他人望是多差啊……
各位，我們已經跌到谷底了。
接下來就只能努力往上爬了！
讓我們好好加油吧！
是要怎麼加油啦……

原來如此，不管在哪個時代，世襲制都會帶來混亂呢。
事情糟透了，大家都幹勁缺缺……
老姊妳最好也跟著辭職啦。
逼逼逼
逼逼逼
公司搞不好真的會倒耶！
妳這傢伙！
或許妳會不相信，但是我的工作也是很有價值的。
YOU WIN
不就是事務用品租賃嗎？很難相信耶！
妳工作的價值是？
我很開心自家的產品能夠幫助解決客戶的困擾，
逼逼逼
並讓他們因此恢復元氣。
這產品很好用唷！
我的工作就是在配送元氣。

這樣下去公司就要倒閉了！
孫武先生，能幫我想想辦法嗎？
嗯……再不快點讓公司上下的意識達成一致可就危險了。
真央的公司原本是老社長擔任執旗手，但這位執旗手亡故之後，大家的意識也跟著分崩離析。
嗯……
士兵的意識分崩離析，自然兵敗如山倒了。

那、那我該怎麼做才好呢？
打仗的時候都會使用戰旗、旗幟……
嗯……所以是要業務部舉旗投降嗎？
殺
咚咚
咚咚
不、不是……
願景
當然是要提出公司上下都能認同的「願景」啊！
你居然會用那麼現代的詞彙……
我也做了不少功課啊。
原來如此
那願景就產生了戰旗的功效囉？
正是如此！
缺乏作為目標的願景時，公司就會陷入迷途。
畢竟連目的地都不知道啊。
但又要怎麼找到願景呢？
是寫明年的預定計畫嗎？
要寫更之後的。

咚
二十年後的未來！
！
即便現在還做不到的事，換成是二十年後的願景就敢想了吧！
未來
啪

你們要提出遠大的願景，提高公司上下的士氣！
咚
吞口水
我知道了！
我不想再低著頭幹活了！
明天就跟社長說說看。
孫武先生，謝謝你。
那個「GAME」，我也想玩玩看看。

片向事務商會
二十年後的願景啊……原來如此，這個想法很好。
太棒了！
那就麻煩您了。
稍等一下。
咦？
二十年後我都六十歲了，也不知道到時候我還在不在。
沒事的，一定……
所以比起讓我這老人來想，我更希望讓那些二十年後成為公司中流砥柱的年輕人來想。
原來如此，這樣也不錯啊！
白系小姐，
妳這就去召集未來會成為公司軸心的年輕人們，一起討論願景吧！
咦咦咦！
我嗎？

沒辦法！不行啦！
別找我好嗎？
你也知道我是業務部的拖油瓶啊……
突然起身
沒那回事！
妳很有才能，
要有自信！
社長……
那山田先生呢？
他有才能啊！
佐藤小姐呢？
她當然也有。
原來如此
這人對大家都好過頭了……

社長室
算了，我知道了。出甚麼錯可別怪我哦。
我相信妳！
片向事務商會的未來就交給妳了。
現在才發現片向這詞日文念起來跟傾覆很類似，真不吉利……
就是這樣，所以才請各位一起描繪未來二十年的願景。
課題
「二十年後的公司」
希望各位都把自己當作肩負公司未來的重要存在。
哦哦，真有趣！
但是這麼重要的事情交給我們來決定好嗎？
好！那就來打造一間營業額一兩兆的大公司吧！
那不太可能吧……
不一定唷，別說甚麼不可能吧。

難得年輕人齊聚一堂了。
就來提出些遠大的願景吧！
我回來了。
唉唉……
嘿！
啊！又輸了。
WOW
真央，妳回來啦。
累斃了，先去洗澡。
YOU WIN!
NEW SCORE!! RANK Ⓢ
怎麼會這麼累？
說來話長……
我請大家在會議上踴躍發言，
結果大家的發言太過天馬行空……
年輕可真可怕啊！
未來果然還是要往宇宙發展啊！
去打撈沉船找寶藏如何？
乾脆直接去找七龍珠吼。
拍謝，我們是租賃公司耶！

最後的結論是打造一間百戰百勝的企業。
百戰百勝啊……
這樣下去根本沒辦法繼續啊。
……
孫武先生，這樣就糟糕了。
到底該怎麼決定願景呢？
刷……
孫武先生……你有在聽嗎？
真央，你們乾脆直接改變想法如何呢？
揮毫
是故百戰百勝，非善之善也；不戰而屈人之兵，善之善者也。
是故百戰百勝，非善之善也；
不戰而屈人之兵，善之善者也。

咦？
這是甚麼意思？
就像妳同事說的那樣，百戰百勝是個理想。
YOU WIN
但是打仗流血的可不只是敵人啊！
只要還有競爭企業，總有一天會出現削價競爭、供給過剩等情形。
大家殺破頭的惡戰就等在那裡。
我們更便宜！
我們租機器送印刷紙！
持續破盤價更新中！
我們已經不在乎賺不賺錢了！
的確如此……
但做業務不就是這麼回事嗎？
所以我才要妳改變思考方式啊！
NIKU
最佳情況是我國的士兵、領土，乃至於敵國都絲毫無損。
也就是所謂的「不戰而屈人之兵」。

這種做夢也會笑的事情有可能嗎？
舉個例子好了。
當初電玩剛推出時，全新的市場也跟著出現了。
原來如此！
所以下次開會時，就把方向放在如何打造全新市場吧！
遞出
謝謝你，我會在下次的會議提出來看看。
孫武先生，這次換用這套遊戲決勝負吧。
碰
這套遊戲我就絕不會輸了！
妳那完全是在豎死旗啊。
豎死旗！你適應現代用語的速度也太快了！
遊戲要開始囉～
孫武先生太強了，明明是個古人，思考邏輯卻在現代也通用呢。

片向事務商會
真央小姐，
妳說的就是藍海策略啊！
咦……
百戰百勝
不戰而勝
是故百戰百勝，非善之善也；不戰而屈人之兵，善之善者也。
藍海策略？
這是金偉燦和莫伯尼兩位歐洲商學院教授所共同發表的經營策略。
他們認為要避免與競爭對手以血洗血的紅海市場，
創造無須競爭，蘊含無限可能性的藍海市場。
講個沒完
哇啦哇啦
要向消費者提供低成本而具備高附加價值的產品，藉此獲得最大程度的利潤。
這與波特的「差異化策略」有些接近，但是提倡要創造新市場，而非與對方競爭的部分又有些不同。
講個沒完
講個沒完
講個沒完
掌聲如雷
哦哦哦
哦哦哦
哦哦哦

沒想到山田你這麼懂經營策略呢，你應該早點跟我們說的啊。
畢竟以前也沒人問過我嘛。
的確，以前老鳥一手把持，害公司的氛圍一直很封閉。
但是現在可以把以前學到的知識活用在工作上，讓我躍躍欲試！
沒錯，這也許是個機會。
或許可以把社長換人這件事當成好事呢。
微笑
話說回來，你有甚麼好主意去實踐藍海策略嗎？
我以前讀過一本有趣的書，
裡面提到可以將公司事業主軸的認識由「物理定義」轉變為「功能定義」。
甚麼意思？

也就是說，賣花的就是花店。
製造機器的就是機器製造業。
我們做的是印表機租賃，所以是印表機租賃業。
花店
至今為止大家都將目光放在商材的物理層面上。
但是業界裡也有其他競爭者，也就是所謂的紅海市場。
這本書要我們改用功能定義去思索事業主軸。
物理定義
功能定義
功能定義！
就是將目光放在自家服務給予顧客哪些功能、效用。
譬如花店的花就帶給顧客生活上的滋潤，所以就可以將「滋潤」作為主軸，化身「生活滋潤」服務提供業。
生活滋潤提供業……
只要是能滋潤生活的事物都可作為商材，
譬如滋潤生活的繪畫，
或是音樂。
家庭劇院組也是選項之一。
家庭劇院組
繪畫
音樂
椅子
滋潤生活

能對顧客需求提出各種提案的公司啊。
雖然有點像甚麼都做，但是這種公司或許很少見呢！
真的就是藍海市場了。
那麼……
要不要把公司打造成元氣提供業呢？
咦？
之所以我沒有離開公司，就是因為工作能夠帶給顧客元氣。
所以我希望把提供顧客元氣作為公司目標。

……當然好啊！
我們也是一樣的想法！
大家，
不戰而屈人之兵
善之善者也。
元氣啊，很不錯啊！
社長!?
竄出
你在那裡多久了!?
但是我希望你們能更深入些，
你們要建立一套劇本，幫助實現願景與經營策略。
平衡計分卡跟策略地圖或許會是不錯的選擇。
平衡計分卡？
啵
所謂的平衡計分卡，
財務
顧客
企業內部流程
學習與成長
是一套全方位的績效量尺，不偏重用以顯示業績的「財務」，同時也會均衡地根據其他三個面向擬定策略目標。再分別由這四個面向訂定具體的行動計畫。
啾

公司的策略地圖——由「魚店」到「防代謝症候群業」

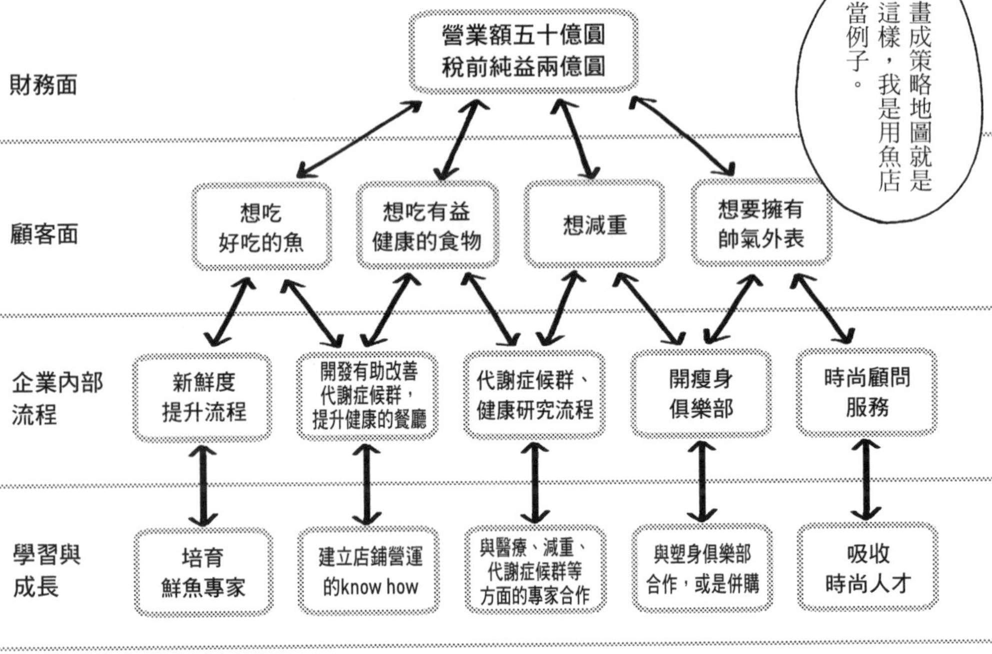

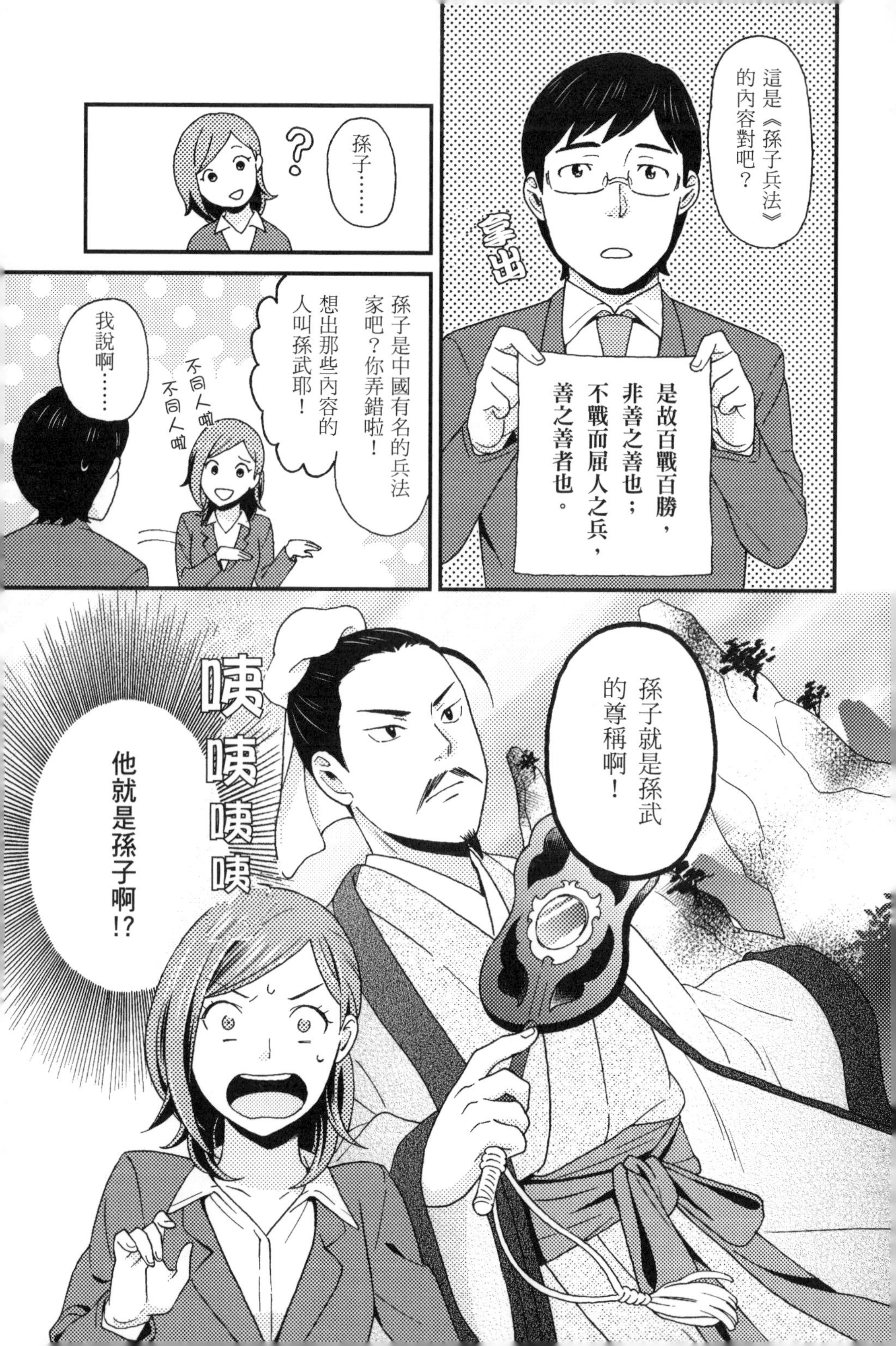
這是《孫子兵法》的內容對吧？
拿出
是故百戰百勝，非善之善也；不戰而屈人之兵，善之善者也。
孫子……
孫子是中國有名的兵法家吧？你弄錯啦！
想出那些內容的人叫孫武耶！
不同人啦 不同人啦
我說啊……
孫子就是孫武的尊稱啊！
咦咦咦咦
他就是孫子啊!?

統合組織與團隊意識

領導者的金鼓與旌旗

真央任職於片向事務商會，該公司因為社長猝然離世而引發大規模的離職潮，以致新社長甫就任即深陷危機。由於欠缺一位領袖引領公司前進，旗下的員工也越發不安。就連真央也因為看不見公司未來而說出讓人洩氣的話。

而即便社長並沒有猝然離世，當追隨已久的領袖突然離開工作崗位時，組織仍然容易陷入書中所描繪的危機。此時「提出一個全新的願景」會是新上任的組織領袖該優先進行的事。而在建立全新專案團隊時，或是領袖因人事異動而改變時，也要遵循上述原則。畢竟若欠缺明確的目的地，成員即便空有滿腔熱血也無處施力。

在指揮調度軍隊、企業等由複數人員組成的組織時，領袖必須揭起旗幟，引領組織

前進，不可以讓成員各自為政。

對於指揮調度組織的要訣，孫子留有以下教誨：

「軍政曰：『言不相聞，故為之金鼓；視不相見，故為之旌旗。』夫金鼓旌旗者，所以一人之耳目也。人既專一，則勇者不得獨進，怯者不得獨退，此用眾之法也。」（軍爭篇）

其中寫有指揮調度大批人馬的方法。白話文的意思為「在戰場上用語言來指揮，聽不清或聽不見，所以設置了金鼓；用動作來指揮，看不清或看不見，所以用旌旗」，而白晝激戰多使用旌旗，夜戰八方則多使用金鼓。而這些道具都是為了統合士兵的視聽。如此一來，那麼勇敢的將士不會單獨前行，膽怯的將士也不會擅自退卻。這就是指揮調度大軍的祕訣。

當然是要提出公司上下都能認同的「願景」啊！
願景
VS

孫子生於紀元前，因此金鼓與旌旗是唯一可在戰場上傳遞資訊的媒介。而它們不過是一種手段，使用者必須因應時間與地點做正確運用。

重點在於「統合視聽」，所使用的手段與道具並無特別規定。領袖要統合組織成員的意識，進而讓上下同心戮力。換言之，就是要能正確地向組織成員傳達目的地，以及行動的正確時機。

以現代商場的角度來想，也就是要建立明確的組織願景了。**而在談到所謂的願景時，除了其所在方向，以及目前進度之外，也必須提到願景預計實現的時期。**首先組織上下都必須知道，為了達成願景所需的時機、方向與方法。

求勝前先求立於不敗

毫無疑問的，未來願景至關重要，但是當組織跟片向事務商會一樣，處於經營危機當中時，即便設法描繪「光明的未來願景」，組織成員也大多不會當真。因此希望各位不要忘記，在描繪通往勝利的願景之前，得先做好立於不敗之地的準備。

我們從孫子留下的教誨當中也可以讀出上述意涵。

「昔之善戰者，先為不可勝，以待敵之可勝。不可勝在己，可勝在敵。」（軍形篇）

孫子指出，自古以來，善於用兵作戰者，總是會先做好被攻擊也能立於不敗的準備，並靜待敵軍自曝其短，再行揮軍進攻。因此應優先做好立於不敗之地的準備。**畢竟使自己不被戰勝，其主動權掌握在自己手中；敵人能否被戰勝，必須考量到的面向包括：敵我關係、敵軍指揮調度的方式等等，不能一概而論。**

即便將未來描述得多麼美好，可是當手頭資金短缺，所謂的夢想可就真的是黃粱一夢了。而為了避免上述憾事發生，首先必須站穩腳步，做好迎向夢想的準備。

當組織面臨危機時，必須先改善其體質，才有可能重振旗鼓。

因此，首先必須掌握組織上下的體質，以及商業上的獲利結構。有時營業額雖然持續成長，但是事業群卻將所賺取的利潤全數投入設備投資，此時一旦營業額成長稍微趨緩，整個事業群可能就會直接出局了。此外也曾經聽過某間公司的事業群每每交出漂亮業績，但是某天他們的大客戶卻無預警倒閉，以致大筆應收帳款無處可討，最後害得整間公司都被拖垮。

為了讓公司經營立於不敗之地，我們必須掌握公司的體質與獲利結構才行。特別是任職於某些中小企業，或是獨立事業群的人，有時會認為只要自己的營業額（損益）穩若泰山就行了，但是請注意，目光如豆可沒辦法描繪出經得起時間考驗的商戰策略啊！

描繪二十年的願景

滿足哪些條件才能與強敵殊死一戰？

如果想贏就會贏，日子就不用那麼辛苦了。當一間公司疲於奔命，設法讓自己立於不敗之地時，即便想要急就章地描繪出遠大的願景，人才、資金、技術、通路等方面的匱乏將會顯而易見。如果在上述狀態下仍一頭熱地投入高強度的市場競爭，只會輸得一塌糊塗罷了。孫子也曾指出：

「故小敵之堅，大敵之擒也。」（謀攻篇）

這是指弱者輕易向強敵挑起戰端，無異於「飛蛾撲火」。所以欠缺兵力、資源

的老弱殘兵（企業），就只能一股腦兒地逃避強敵，永遠無法變得兵強馬壯囉？答案是否定的。孫子曾說：

「故知戰之地，知戰之日，則可千里而會戰。」（虛實篇）

所以只要能夠預知與敵人交戰的地點，又能預知交戰的時間，即使行軍千里也可以與敵人兵戎相見。

從零出發，思考二十年後的願景

我們可以將上述孫子智慧放入商場運用，只要能夠自行決定要視哪個領域、市場為日後交戰的戰場，同時

擬定願景時的三大重點

① 由公司自行決定戰鬥的地點與時間。

② 為了跳脫現狀，將時間拉長至二十年後。

③ 重視團隊參與討論，藉此提高員工對願景的歸屬感。

決定投入戰場的時間，就可以將稍顯遠大的願景視為目標了。

即便短期內無法取勝，但是只要將戰線拉長為三年後、五年後、十年後、二十年後，總是會有獲勝的可能啊。但是三年、五年程度的願景又顯得過短，在策略上著實無法脫離現狀的延伸，因此建議各位在設定願景時直接將時間拉長至二十年後。

之所以要將時間拉長，是為了跳脫現狀的制約。從片向事務商會的案例也可以發現，當願景的時間被拉長至二十年後，大家就更為積極地提供意見了。建議也要先訂下規範，避免用「這不可能啦」、「別做白日夢了」等話語否定他人於討論時提出的意見。即便是當下根本不可能完成的目標也沒關係。

而若是求好心切，將願景設定為三十年後的未來，現年三十歲的年輕職員又大多面臨屆退，多少會產生事不關己的味道。因此當各位實際打造願景時，二十年後會是恰到好處的長期性願景。順帶一提，漫畫當中聚集了年輕職員收集意見，而事實上這種做法的確可以獲得毫無顧忌、同時天馬行空的意見，頗為有效。

除此之外，在正式決定願景時，公司必須承擔相當程度的風險，因此高層也不能袖手旁觀。其實漫畫當中新上任的片向社長若是能夠具備領袖風範就好了。

只要有長達二十年的時間，都有可能白手起家創辦一間世界性的知名企業了。各位可以想想，谷歌與臉書才花多久時間就席捲全球了。即便只是由優秀學生從無到有創辦的企業，只要花上一些時間都有可能聞名國際。

而當一間企業已經具有自己的事業，有幾名員工，同時也比學生更有錢時，成功與否就取決於自己的做法好壞了。越是對自家企業的可能性感到虛無飄渺，越是該從零開始，構思二十年後的願景，並以此為目標邁步向前。

不戰而勝的「藍海策略」

何謂「藍海策略」？

在打造二十年後的願景時，可也不能缺乏策略性啊！現代商場可謂群雄割據，競爭激烈，環境越趨嚴峻，要在這種情況下實現願景幾乎是不可能的事。

而這時候就要靠「孫子式戰略思考術」避開戰鬥了。

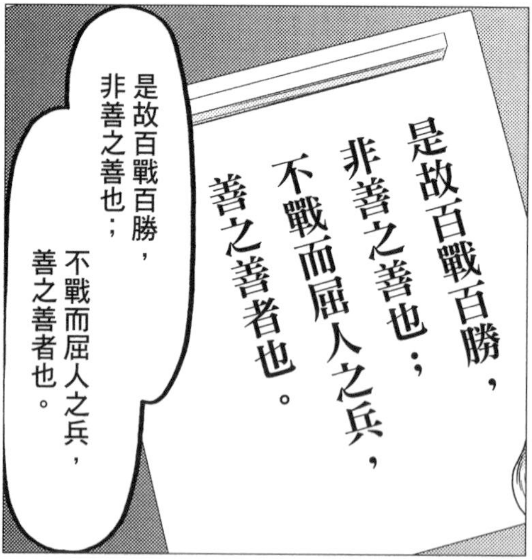

「是故百戰百勝，非善之善也；不戰而屈人之兵，善之善者也。」（謀攻篇）

人們大多認為百戰百勝是最好的，但是打仗一定會造成損害與傷亡。假若能不戰而勝，也就不必損兵折將了。當我們想要將孫子這套不戰而勝的思考模式活用在現代商場上時，最常聯想到的就是「藍海策略」。這是由金偉燦（W. Chan Kim）和莫伯尼（Renée Maubogne）兩位歐洲工商管理學院（INSEAD）教授所共同發表的商業理論。

光是讀完《孫子兵法》，進而隨口嚷嚷著要「不戰而勝」，仍然欠缺一套完整的策略，此時就輪到這套與《孫子兵法》不謀而合的現代經營手法登場了。

紅海市場，指的是以血洗血、競爭激烈的市場；而藍海

策略所著眼的重點就是開闢一個毫無競爭者的全新市場，藉此從紅海市場中抽身。理念與主張避免戰爭的《孫子兵法》，可說是有異曲同工之妙。

藍海策略的分析工具「策略草圖」

「策略草圖」是在藍海策略當中頗常用的分析工具，能夠幫助我們不戰而勝。

橫軸依序列有業界裡各家公司所提供的價值，縱軸則為其高低。接下來分別將自家公司、業界標準、競爭對手的各種價值連線，即會形成一張類似折線圖的圖表，稱之為「價值曲線」。

當「價值曲線」重疊時，則代表有競爭對手提供與自家程度相等的價值，此時則要以「四大行動架構」打破既有框架，描繪自家獨有的「價值曲線」。

「四大行動架構」當中包含①去除（Eliminate）②降低（Reduce）③提升（Raise）④創造（Create），合稱為「ERRC」，將這幾個行動架構畫為容易討

執行藍海策略時所需的「策略草圖」

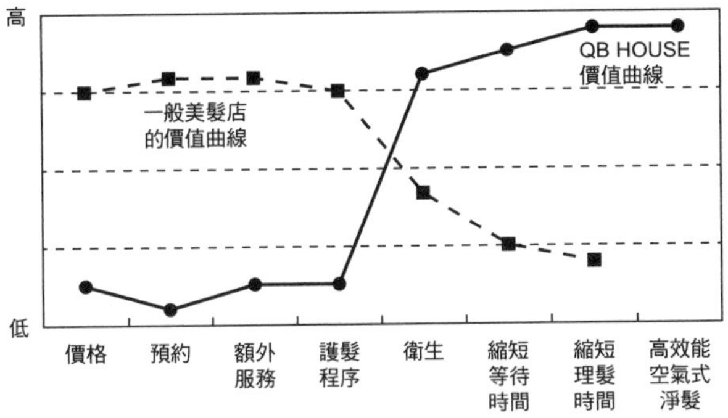
高
低
QB HOUSE
價值曲線
一般美髮店
的價值曲線
價格
預約
額外
服務
護髮
程序
衛生
縮短
等待
時間
縮短
理髮
時間
高效能
空氣式
淨髮

出處：《藍海策略》

執行低價策略與顧客價值提升策略所需的「ERRC」

去除（Eliminate）	提升（Raise）
在業界常識當中，是否有可去除的要素？	在業界標準當中，是否有需提升的元素？
降低（Reduce）	**創造（Create）**
在業界標準當中，是否有需減少的元素？	在業界標準之外，是否有需創造的要素？
↓ 低價策略	↓ 顧客價值提升策略

出處：《藍海策略》

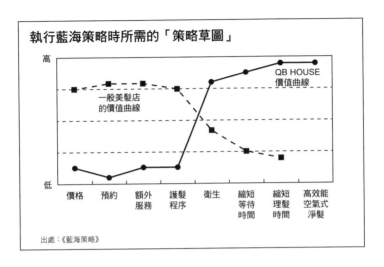

論的矩陣圖時，則稱做「ERRC矩陣」。

順帶一提，119頁的上圖，乃是QB HOUSE的策略草圖。當中去除了傳統美容院應有的服務，包括預約、護髮程序等等。作為替代，則大膽地增加所謂的空氣式淨髮取代洗頭，同時縮短等待時間與剪髮時間等。結果終於形成一個前所未見的美容理髮事業。這是一個成功的藍海策略商業模式。

普遍的策略理論偏重於研究競爭企業、業界整體的最佳實務（Best practices），並設法弭平自家與優良企業、先進企業之間的差距（填補弱點）。而這種做法只會令策略同質化，以致競爭加劇。藍海策略則不落窠臼，大膽地進行去除、降低、提升、創造等流程，藉此消除競爭。

但是在成功開拓一片藍海之後，這片海洋可不見得能永保湛藍美麗。繪製策略草圖的方式具體可見，方便按圖索驥，但是對於其他公司來說亦然。這些後進者同樣可能模仿成功企業的「價值曲線」，推出相同服務。

因此可別忘記了，各位都要定期檢視策略草圖，進行「ERRC」，藉此描繪全新的「價值曲線」。

「轉換領域」讓人贏得更漂亮

由物理定義轉變為功能定義

策略草圖是在執行藍海策略時的有效工具，此外還有另一個原則能讓各位贏得更漂亮。那就是透過「轉換領域」來創造自己作戰的地點、場域。

領域，亦即事業領域。而轉換領域就是要轉變對自家業種的認知。在藍海策略當中還存在有與業界或其他公司比較的思考邏輯，而轉換領域則是要各位隨意創造一個前所未見的業界。

譬如片向事務商會以公司名來看，帶給人一種著重「事務機及其周邊用品」的印象。原本片向事務商會的事業內容也是以事務機的租賃、販賣為主。這種著重在商品物理層面的領域屬於「物理定義」，而這也是普遍的領域設定。

而在進行領域轉換時，則要著重在自家的商品、服務對顧客能起到哪些功能、效果與益處，將定義轉換為「功能定義」。

真央認為自家的工作並非單純販賣事務機，而是要在過程中幫助解決顧客的問題，讓顧客獲得元氣。我也曾有過類似經驗，當作業速度遲緩的事務機換新之後，不只效率與作業速度提升了，就連心情也跟著變好了。換購時尚而具設計感的辦公室用品之後，不只辦公室氣氛變好，就連職員們的心情也會跟著變好。

如此想來，真央想透過事務用品「提供顧客元氣」的想法絕對不壞。因此片向事務商會從此會將領域設定為功能定義，搖身一變成為「元氣提供業」。

在轉換領域之後，二十年後的願景就不再會是單純地販售大量事務機，而是要設法提供顧客元氣。如此一來，在討論時就比較容易會出現「我們或許可以幫忙規畫員工研修？」、「我們或許可以提供幫助改善職場環境的服務？」、「如果能幫助顧客打造時尚的辦公室環境，或許也會讓職場更具元氣，讓他們更容易找到好人才？」等等全新的想法（這部分與接下來要介紹的願景地圖、策略地圖、戰術地圖有所關連）。

轉換領域時不可欠缺的「領域共識」

此時要讓公司轉變為「元氣提供業」也行，不讓公司轉變為「元氣提供業」也並無不可。這點相當重要。**在決定是否轉換領域時，不該仰賴邏輯**。「元氣提供業」是真央的感受與願望，頗為主觀。而同事對此產生共鳴，社長也點頭同意，因此公司就此決定成為「元氣提供業」。而公司中若是有人不喜歡，也不用非得成為「元氣提供業」不可。

如果仰賴邏輯決定所轉換的領域，任何同樣業種、同樣規模的公司也都可以轉換為相同領域，因此無法做到不戰而勝、打造自己獨家的場域。所轉換的領域並沒有標準的「正確答案」，我們該做的是從所轉換的領域衍生出願景，再進一步將願景轉變為「正確答案」。元氣提供業是嶄新的業種，因此往後只能自行摸索前進的道路。

在進行領域轉換，將領域由物理定義切換為功能定義時，我希望各位能注意到一件事，那就是仍有其他競爭企業，與自家販售在物理層面上類似的產品。後續的漫畫也會出現這部分的描述。「販售的產品強碰」或許會讓我方氣勢陷入低迷，但是在這部分的操作卻也是決定勝敗的關鍵。**當產品在物理層面強碰時，我方的賣點就是提出優於競爭對手的功能和效用，並加以付諸實現。而「領域共識」就是徹底貫徹上述意識的體現。**好不容易完成轉換領域，奮戰於第一線的員工可不能認為自家公司「只是一家販賣事務機的公司」啊。希望各位可以在這部分徹底實踐孫子式戰略思考。

「長尾策略」帶公司邁入無人之境

「省略戰爭」的想法，與下述孫子的教誨不謀而合：

可作為網拍業者參考的「長尾理論」

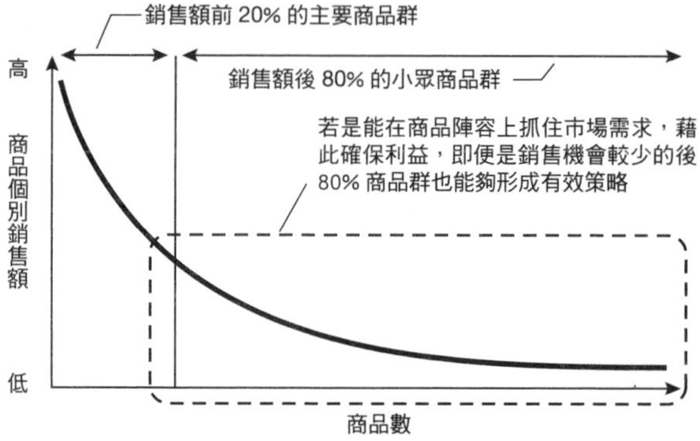
銷售額前 20% 的主要商品群
銷售額後 80% 的小眾商品群
高
商品個別銷售額
低
若是能在商品陣容上抓住市場需求，藉此確保利益，即便是銷售機會較少的後80% 商品群也能夠形成有效策略
商品數

參考《世界基準的問題解決術》

「行千里而不勞者，行於無人之地也；攻而必取者，攻其所不守也。守而必固者，守其所必攻也。」──（虛實篇）

行軍千里而不疲憊，是因為敵軍不在該地設防；行軍戰無不勝，是因為攻擊的是敵人疏於防守的地方。我軍防守固若金湯，是因為守住了敵人不會攻擊的地方。

各位或許會吐槽，向敵軍不設防的地方行軍不會疲憊，攻擊敵軍疏於防守的地方會戰無不勝，守住敵軍不會攻擊的地方而能固若金湯，這些不都是理所當然的事情嗎？但這些可都是孫子式戰略思考特意

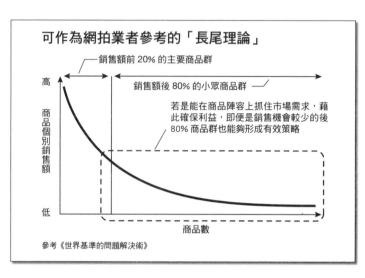

製造出來的狀況啊。

各位也可以把這想成是現代商場中的「利基策略」或是「長尾策略」。而究竟要鎖定利基市場呢？還是奉行長尾策略，準備好平常其實賣不太掉的特殊商品呢？其實這個時代的網路科技發達，做生意的對象遍及世界各地，因此根據鎖定的市場不同，瞄準利基市場會是一個做生意的好選擇，而在ＩＴ科技的幫助之下，擴大商品種類也是不無可能。

譬如AMAZON所販賣的商品種類極其豐富，而事實上，資料亦顯示，那些平常賣不太掉的商品銷售額加在一起，竟也創造了極大收益。由於實體店鋪的貨架大小已然固定，因此只能夠採取優先擺放暢銷商品的策略。這種做法只會讓店鋪變得缺乏特色。而網路商店就不同了，由於可以接觸到廣泛的客層，因此即便一個月只能賣掉一件，供應各種賣掉後能夠獲利的商品仍有其益處。如此一來，就能夠透過陳列在網頁頁面上的商品打造獨家戰略。

就像這樣，讓我們攜手奠定敵軍不會攻來的疆域，並學習不戰而勝的方法吧。

讓願景與日常業務緊密連結

可用來描繪公司願景的「BSC」

在學習了各種擬定策略的方法之後，讓我向各位介紹一個方法，藉此在日常的戰術層面落實所訂定的長期願景吧。

透過「轉換領域策略」，真央的公司將二十年後的願景設定為「讓全日本的上班族能夠獲得元氣」。而接下來真央的公司還要更進一步，將所設定的願景付諸實現。

高呼「以百億元企業為目標」、「以業界（或是地區）第一的企業為目標」等口號，進而設定明確的年營業額、利潤，這種做法自然不錯，但是卻欠缺付諸實踐時所需的戰術。

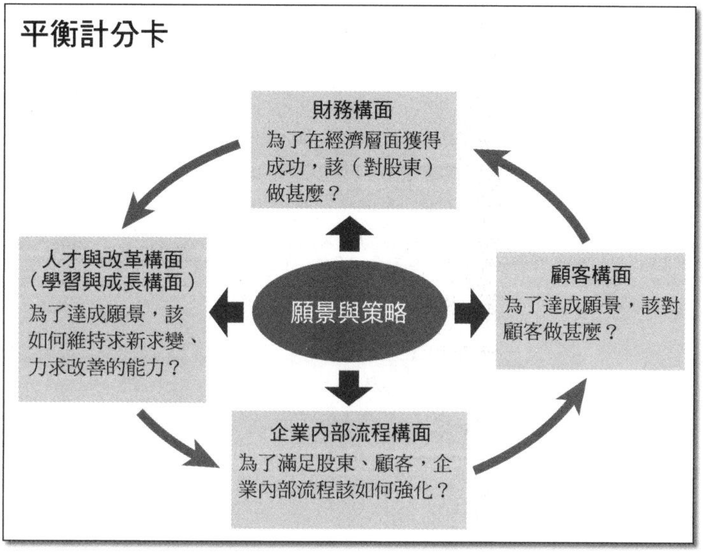
平衡計分卡
財務構面
為了在經濟層面獲得成功，該（對股東）做甚麼？
人才與改革構面（學習與成長構面）
為了達成願景，該如何維持求新求變、力求改善的能力？
願景與策略
顧客構面
為了達成願景，該對顧客做甚麼？
企業內部流程構面
為了滿足股東、顧客，企業內部流程該如何強化？

除此之外，所謂「以業界（或是地區）第一的企業為目標」的定義基準也不明確，同時也缺乏如何讓自家企業躍升第一的故事性。

因此建議各位先建立BSC（平衡計分卡）當中的「策略地圖」，以及二十年後的策略地圖「願景地圖」。這是一套由哈佛商學院教授羅伯．柯普蘭（Robert S. Kaplan）和諮詢顧問大衛．諾頓（David P. Norton）所提倡的經營手法。

提到業績時，我們往往會帶到如

何提升銷售額、如何節省成本等面向，而BSC則不同。**BSC的特徵在於，不會只重視用以顯示業績的財務指標，同時也會平衡地評價導致該結果的非財務指標。**BSC會以「財務」、「顧客」、「企業內部流程」、「人才與改革（學習與成長）」等四個構面擬定策略，並監控其實行的過程。

將上述四個構面統整為一張地圖，稱為「策略地圖」，而我個人則將二十年後的策略地圖稱為「願景地圖」。

首先，我會請各位先繪製二十年後的「願景地圖」，接下來再往回推算，繪製五年後、三年後的「策略地圖」，最後再繪製顯示有單年度方針的「戰術地圖」，藉此幫助實現後續的策略地圖。這是我所提倡的經營管理方式。

繪製「願景地圖」、「策略地圖」、「戰術地圖」的方式

為了幫助各位了解繪製「願景地圖」、「策略地圖」、「戰術地圖」等三種地

圖的順序，下面我將公開真央與公司同事在後續篇幅裡完成的地圖，藉此向各位說明。

第一張要繪製的是「願景地圖」。請各位看132頁的圖片。

首先，讓我們從最上方的財務構面開始繪製。為了方便各位理解，這裡特別挑出了營業額（兩百億）與稅前淨利（二十億）等兩個數字。在其他案例當中，也可能會寫支出減少、股價上漲等敘述。許多企業會在寫完財務構面之後就草草了事，為了避免這種情況發生，下一階段也相當重要。

接下來讓我們來看看顧客構面吧。這是一個幫助達成財務構面的要素。各位必須站在顧客的角度思考，設想自己要提供給顧客哪些價值，才能夠達成方才所提到的兩百億營業額與二十億稅前淨利。此時可不要只想到「便宜」、「快速」、「地點近」這三個要素啊。如果滿足於這三個要素，其實也不用費神去想甚麼策略了。

真央公司的願景是「讓全日本的上班族能夠獲得元氣」，而對顧客來說，會對這樣一家公司有哪些訴求呢？先讓我們假設顧客的訴求是「提升員工產能」、「提

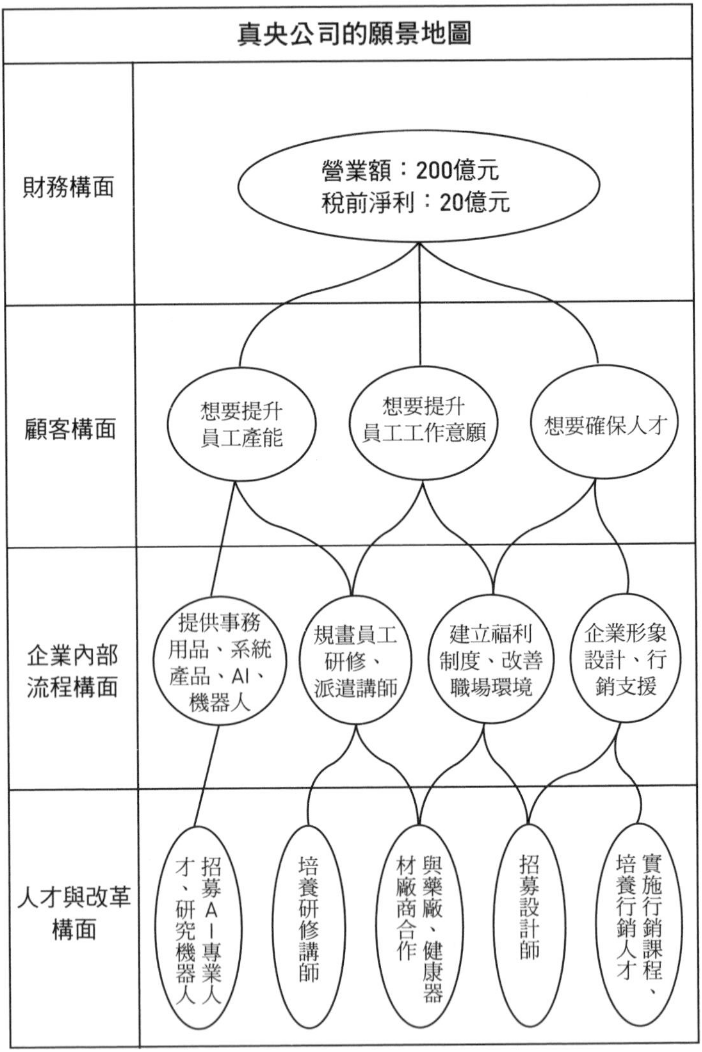
真央公司的願景地圖
財務構面
營業額：200億元
稅前淨利：20億元
顧客構面
想要提升員工產能
想要提升員工工作意願
想要確保人才
企業內部流程構面
提供事務用品、系統產品、AI、機器人
規畫員工研修、派遣講師
建立福利制度、改善職場環境
企業形象設計、行銷支援
人才與改革構面
招募AI專業人才、研究機器人
培養研修講師
與藥廠、健康器材廠商合作
招募設計師
實施行銷課程、培養行銷人才

升員工工作意願」、「確保優秀人才」好了。

為了滿足這三個訴求，我們就得看到企業內部流程的構面了。為了提升員工的產能，今後可以將「提供事務用品、系統產品、人工智慧（AI）、機器人」等企業內部流程納入考量，而「幫助規畫員工研修、派遣講師」同樣也會是不錯的選擇。

而為了提高員工的工作意願，相信「建立福利制度、改善職場環境」也會是必要的企業內部流程。而為了確保人才，也必須將「企業形象設計、行銷支援」納入考量，藉此塑造企業的優良形象。**由於這是二十年後的願景地圖，因此大可多多提到現在沒有在做，但是後續有需要增加的企業內部流程。**

而在設定完上述企業內部流程時，則要想到人才與改革構面（學習與成長構面）。這裡提到的案例包括「招募AI專業人才」、「培養研修講師」、「與藥廠、健康器材廠商合作」等。

132頁圖即為真央公司遵循上述法則所繪製的「二十年後願景地圖」。

正常來說，在完成策略地圖之後，都要製作所謂的「計分卡」，但我們目前完成的是一張二十年後的願景地圖，具體行動當然會隨著時代更迭產生變化，因此先不用做計分卡。

以願景地圖為基礎，製作「策略地圖」、「戰術地圖」

在製作完願景地圖之後，就讓我們以此為基礎，往前推算五年或是三年後，繪製較具真實感的「策略地圖」吧。由於期限較近，因此必須繪製看起來可以實現的策略地圖。**但是各位必須以願景地圖為基礎，往前推算才行，這點至關重要。**如果所繪製的策略地圖完全是以現實為基礎，可就沒有繪製二十年後願景地圖的意義了。

以132頁的願景地圖往前推算，就能夠繪製出左側的「策略地圖」。

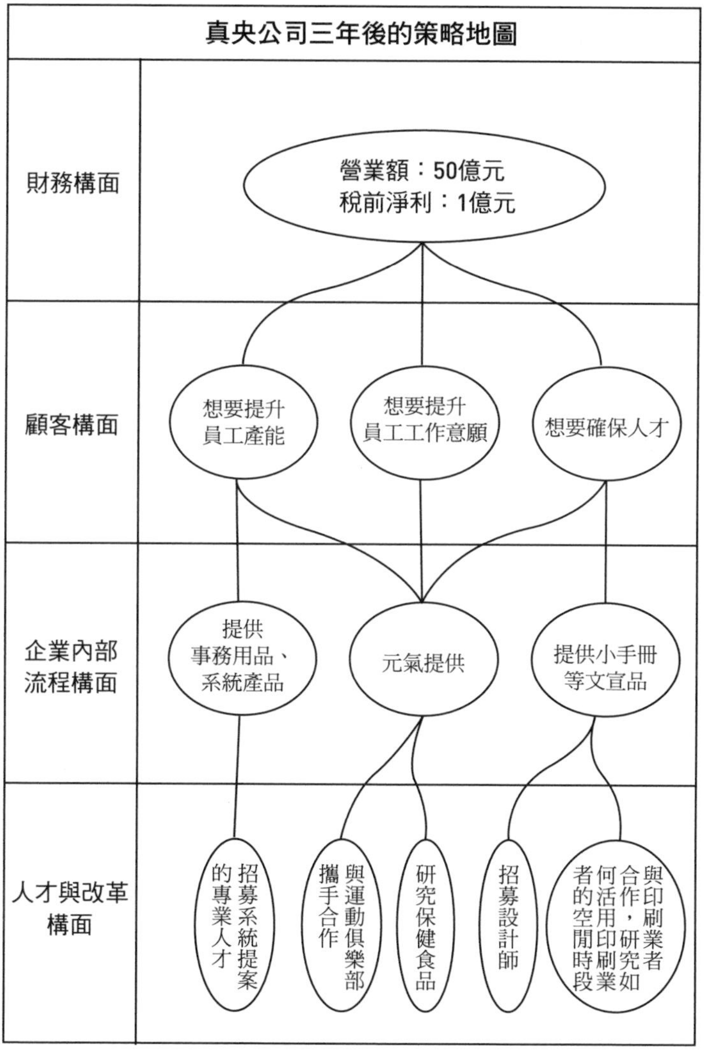

真央公司三年後的策略地圖

以財務構面來看，二十年後的營業額為兩百億，因此將三年後的營業額設定為五十億頗為合情合理。而二十年後的稅前淨利率設定為一〇%，三年後的稅前淨利率則先設定為二%。

而顧客構面則直接沿用二十年後所提到的三個要素。

相較之下，企業內部流程構面則設定得較為符合現實。由於一時間要弄出甚麼AI、機器人還是力有未逮，因此三年後會先以提升系統產品的比率作為目標。漫畫當中以系統產品作為全新的事業領域，同時也決定正式讓「元氣提供業」步入軌道。另外關於員工研修企畫、研修講師派遣等部分，由於要在一開始的三年內實施稍嫌過早，因此暫時去除。而突然說要做企業形象設計也稍嫌困難，因此先將印製文宣品，藉此確保人才、促進銷量的企業內部流程納入考量。

在人才與改革構面（學習成長構面）方面，則具體提出了「招募系統提案的專業人才」、「與印刷業者合作」等要素。

視企業個別需求，也能夠以這張「策略地圖」為基礎，進一步製作單一年度的

「戰術地圖」。這部分的順序並無不同，因此容我省略說明。

「顧客構面」的重要性

之所以我會特別提到這三種地圖，最大的理由是希望各位了解，這些地圖當中不僅明示自家公司的行動，也提到了以「顧客構面」為出發點的各種要素。

「故善動敵者，形之，敵必從之；予之，敵必取之。」（兵勢篇）

創造出敵軍非遵從不可的情勢，敵軍自然遵從；給予敵軍想要的，敵軍自然來取。若是能站在「顧客構面」，提出並實現顧客想要、必要的功能與價值，商品與服務自然銷量奇佳，無須勉強推銷。構思一套理想的故事是策略思考的精華，也正是活用《孫子兵法》的孫子式戰略思考。

以「計分卡」設定關鍵績效指標

而為了在日常管理上落實所擬定的策略，我們要來製作「計分卡」。「計分卡」可說是一張「得分表」，讓我們對策略實行順利與否、實施進度一覽無遺。

此時的重點在於**設定ＫＧＩ（關鍵成果指標）與ＫＰＩ（關鍵績效指標）。於策略地圖所描繪的各個目標項目稱作「策略目標」，而針對每個策略目標，我們可以設定最後想要達成的目標（ＫＧＩ），以及為達成該目標應先達成的關鍵績效指標（ＫＰＩ），藉此讓ＰＤＣＡ循環加速，進而提升管理上的精準度。**

139頁圖以各個構面完成了真央公司的計分卡，各位可以作為參考。譬如以顧客構面來說，為了從外部判定顧客企業的員工產能是否有提升，可以試著以顧客企業的營業額除以員工人數，將求得的人均營業額作為指標。讓人均營業額較上一年度提升一〇％就是ＫＧＩ了。為了達成上述ＫＧＩ，真央的公司會提供事務用品與系

計分卡——以真央公司三年後的策略地圖為基準

	策略目標	KGI（關鍵成果指標）	KPI（關鍵績效指標）
財務構面	營業額 稅前淨利	50億元 1億元	每月4億元 每月830萬元
顧客構面	想要提升員工產能 想要提升員工工作意願 想要確保人才	人均營業額提升10% 員工滿意度達到80% 員工雇用實績/預定雇用達80%	業務訪問件數提升10% 研修參加率90% 雇用關聯案件率10%
企業內部流程構面	提升系統產品供應比 提升元氣提供比	系統產品占營業額30% 元氣提供占營業額15%	系統產品提案件數： 5件/人、月 元氣提供新約件數： 2件/人、月
人才與改革構面	招募系統提案專業人才 與運動俱樂部攜手合作	招募有工作經驗者： 3名/年 與3家大公司合作	定期實施招募說明會： 1次/月 與目標公司交涉： 2件/月

統產品，幫助提升顧客企業的產能。讓我們假設顧客企業業務的訪問次數因此提升一成，並以此為基礎設定ＫＰＩ。而我們必須仰賴顧客企業提供上述資訊，此時可以尋找企業試辦。在試辦的過程當中還會有一個好處，那就是對方容易產生「白系小姐的公司是真的想要幫我們提高產能」的認知。如此一來，在設定提高員工工作意願的策略目標時，就可以試著向顧客企業提案，表示想做員工滿意度調查了。而所得到的滿意度調查結果可以作為ＫＧＩ。

就像是這樣子，各位可以運用ＢＳＣ這套手法，一步步繪製用以顯示願景的「願景地圖」、用以顯示中期策略的「策略地圖」、用以顯示短期戰術的「戰術地圖」，以及用以監控實施狀況的「計分卡」，藉此設定達成ＫＧＩ所需的ＫＰＩ，並加以管理。如此一來就可以加速ＰＤＣＡ循環，並提升經營效率。只要參考計分卡，落實日常行動，並透過日報予以監控，就可以建立起一套讓願景與日常業務緊密連結的系統。

第三章｜CH3

【善用兵者，修道而保法，故能為勝敗之政。】

做到組織「可視化」

——知己、知彼、知天地

真央公司設定了願景，並改變了公司名稱，決定重新出發。

但就在這個節骨眼，部門間卻開始出現摩擦。

我去圖書館了。
不准去！
咦……
怎麼啦？我宿醉耶，頭很痛。
一大清早叫甚麼啊？
啊~
？
因、因為……
孫子就是孫武的尊稱啊！
孫武先生就是有名的孫子，可不能讓這件事穿幫啊……
會鬧出大事的
讓他知道未來的事情，搞不好會對歷史造成影響啊……

哇哈哈哈
嚇一跳
妳說孫武先生那個酒鬼？
對吧？
妳說孫武先生那個電玩宅？
他才不會對歷史造成影響呢！
就是因為會，我才這麼緊張啊！
話說啊～孫武先生已經出門囉！
甚麼！
等等!!
一大早就很有精神呢
喀拉喀拉
喀拉喀拉
只能先繞去前面堵他了！
中央圖書館
咻咻咻咻咻
碰！
碰！
孫子
春秋時代 孫子
兵法 ～孫子～ ①
孫子兵法

我要借所有跟孫子有關的書！
氣喘吁吁
氣喘吁吁
這樣孫武先生就不知道自己的真實身分了。
我要守護歷史！
我回來啦！
啊啊，有夠重的……
一屁股坐下
那堆書是怎樣？
工、工作要用的啦……
妳很用功耶！
話說剛剛有通怪怪的電話哦！
咦？
是一家怪怪的公司，叫做元氣公司，說老姊妳是他們的員工。
啊，我們公司換名字了吼。
改成元氣公司，目的是要帶給顧客元氣。
片向事務商會
元氣公司
咦？你們不賣事務用品了？
不是，我們當然還是會出租事務用品……
輕放

只是在二十年之後，我們會是一家把元氣傳遍日本的大公司。
是哦！
我是不太懂啦
MAO
假日為啥要打給我呢？
社長，公司好像有打電話找我？
白系小姐，其實我有個請求……
咦？要我當係長？
孫
最近妳變了很多，帶給公司不少貢獻。
其實都是孫武先生的功勞啦……
孫子很猛唷
元氣公司就該由妳這種人才引導！
……

有孫武先生在應該沒問題吧！
我知道了，我試試看。
孫子
太好了！那就麻煩妳了。
我寄一個帳號給妳，妳可以用它來看下屬的日報。
就麻煩妳用來確認下屬的策略了。
點擊
送信
謝謝社長！
原本給外部人士看日報是違反公司規定的，
但反正孫武先生也不是這時代的人嘛。
你覺得身為係長，我該怎麼做呢？

首先，妳要先做到評價、評定與獎金制度等方面的可視化，並與下屬共享。
從日報可以發現，跑既有客戶的業務比較多。
我想原因是出在評價業績時，跑既有客戶與陌生開發的評價基準並無不同。
因為都是業務啊？
請問有需要事務機嗎？
您好
您好
既有客戶
陌生開發
如果跑既有客戶和陌生開發，評價並沒有不同，那誰會想要去跑比較難成交的陌生開發呢？
啊對耶……！
善用兵者，修道而保法，故能為勝敗之政。
善用兵者，修道而保法，故能為勝敗之政。
為了有效調度軍隊，需要潛心研究致勝之道，明示自身思想，並徹底奠定評價的基準。是嗎？
！

就是這樣，妳居然知道耶！
啊～
完了！
會被發現這些話都有寫在書上啊！
耶，應該是跟孫武先生再一起久了，腦袋跟著變聰明了吧。
原來如此～
孫子
哈哈哈～
這樣啊，很好啊。
只要做到判斷基準的可視化，員工們在行動時就會自行思考陌生開發與既有維護的比率了。
組織也會越變越強！
我知道了，這就來去跟社長討論。
好險好險，以後可得謹慎點！
幾天後
元氣公司
以後的考核會照這套評價基準。
哦哦哦
努力開發新顧客的人，還可以拿到激勵獎金呢！
感覺以後可以多去開發新業務耶！
太棒了～
大家的眼神都不一樣了！
孫武先生真厲害，不，是孫子真厲害！

這可是一部活生生的《孫子兵法》啊！
幾乎是無敵了吧！
我能勝任係長~
來跑新客戶囉
我可不會輸！
呵呵呵，就連業務部長都不是夢了！
調薪在望♡
茶水間
歡欣鼓舞
業務真的很爛耶！
咦？
止步

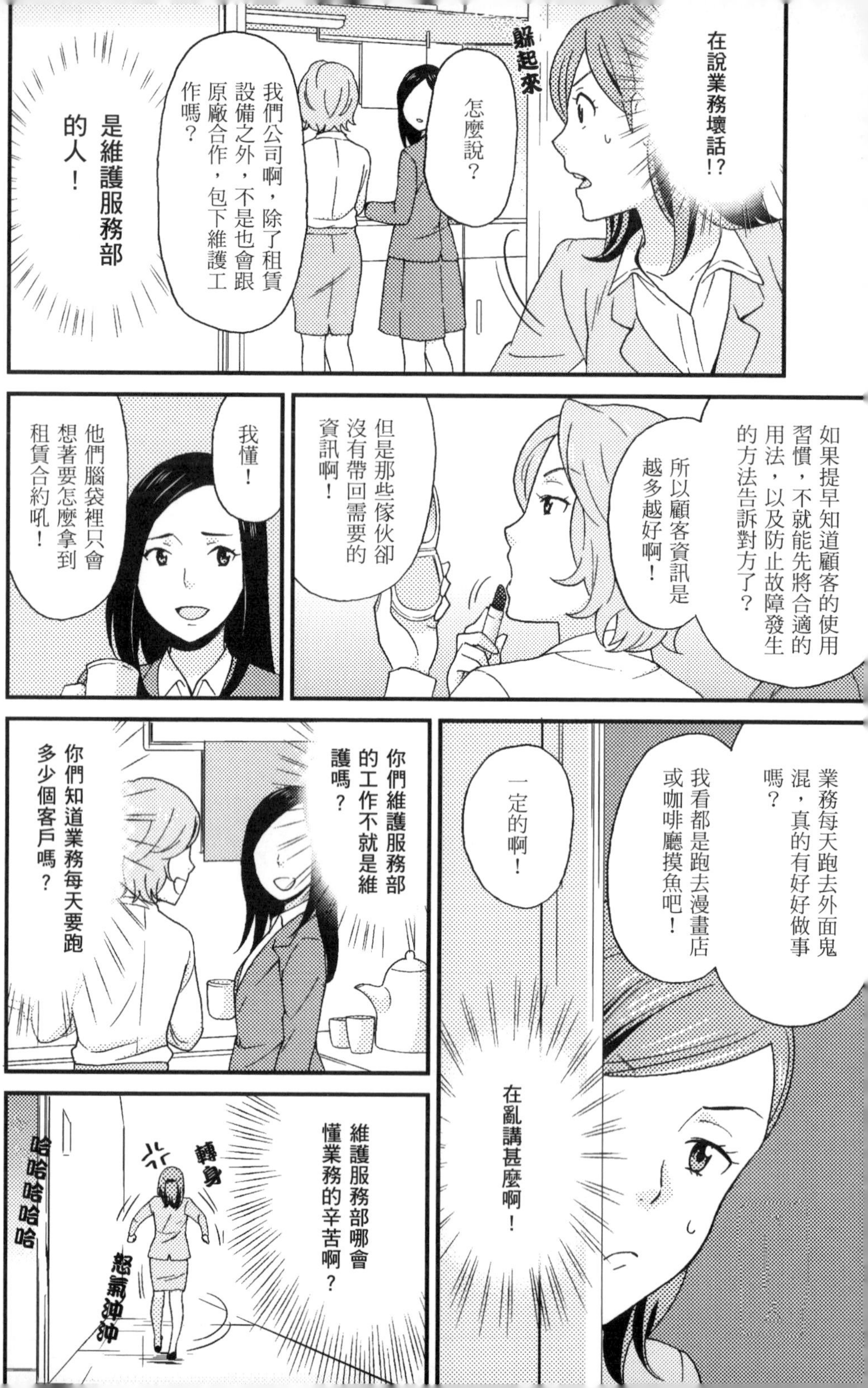
在說業務壞話!?
躲起來
怎麼說？
我們公司啊，除了租賃設備之外，不是也會跟原廠合作，包下維護工作嗎？
是維護服務部的人！
如果提早知道顧客的使用習慣，不就能先將合適的用法，以及防止故障發生的方法告訴對方了？
所以顧客資訊是越多越好啊！
但是那些傢伙卻沒有帶回需要的資訊啊！
我懂！
他們腦袋裡只會想著要怎麼拿到租賃合約吼！
業務每天跑去外面鬼混，真的有好好做事嗎？
我看都是跑去漫畫店或咖啡廳摸魚吧！
一定的啊！
在亂講甚麼啊！
你們維護服務部的工作不就是維護嗎？
你們知道業務每天要跑多少個客戶嗎？
維護服務部哪會懂業務的辛苦啊？
轉身
怒氣沖沖
哈哈哈哈哈

啊，真不爽！
開門
非常抱歉！
！
我們會好好檢討的。
是！
怎麼了？
客戶打來抱怨維護品質很差。
您快別那麼說……
維護服務部在開啥玩笑，這可是花一堆力氣才跑到的客戶啊！
這些傢伙只會抱怨，不會好好做事嗎？
如果被解約，我們就走著瞧！
他們做事還不是亂七八糟。
火冒三丈
好不容易公司才要步上正軌，他們可以不要來扯後腿嗎？
就是這麼一回事。
難以置信對吧？他們說話竟然可以那麼自私耶！
怎麼會呢？
大家雖然部門不同，但卻是目標相同的夥伴啊！

是、是這樣沒錯啦！
看來大家都不太了解彼此……
是要怎麼跟那種爛部門互相了解啦？
是要辦甚麼喝酒聚會嗎？
不是有個簡單的解決方法嗎？
把日報給他們看不就好了？
咦？
但是日報這種工具是上司拿來給下屬建議用的啊！
怎麼會呢？
真央妳不是也把日報拿給我看了？
日報可以看出一個人的品性。
是嗎……
業務部門其實就是情資部門。
情資部門？

就是間諜啦！
咦？
想像圖
業務得要從客戶處獲得資訊。
並以此為基礎擬定策略。
發揮間諜的作用，對吧？
顧客資訊可是公司的重要資產啊！
沒錯，不愧是一家之主！
妳不覺得只有上司獨享資訊太可惜了嗎？
是、是沒錯啦……
等等……
光這樣還不夠啊！
靈光一閃！
哪裡有紙
紙呢！
給我紙！
？
元氣公司

知己知彼，百戰不殆；不知彼而知己，一勝一負；不知彼不知己，每戰必殆。
又是孫子啊。
您竟然知道……
因為這是最有名的一節啊！
啊，原來如此。
知己知彼，百戰不殆；不知彼而知己，一勝一負；
不知彼不知己，每戰必殆。
若是能同時掌握敵方與己方的狀態，就能夠百戰告捷。
拿這句話給我看是要？
……
我有個提案……

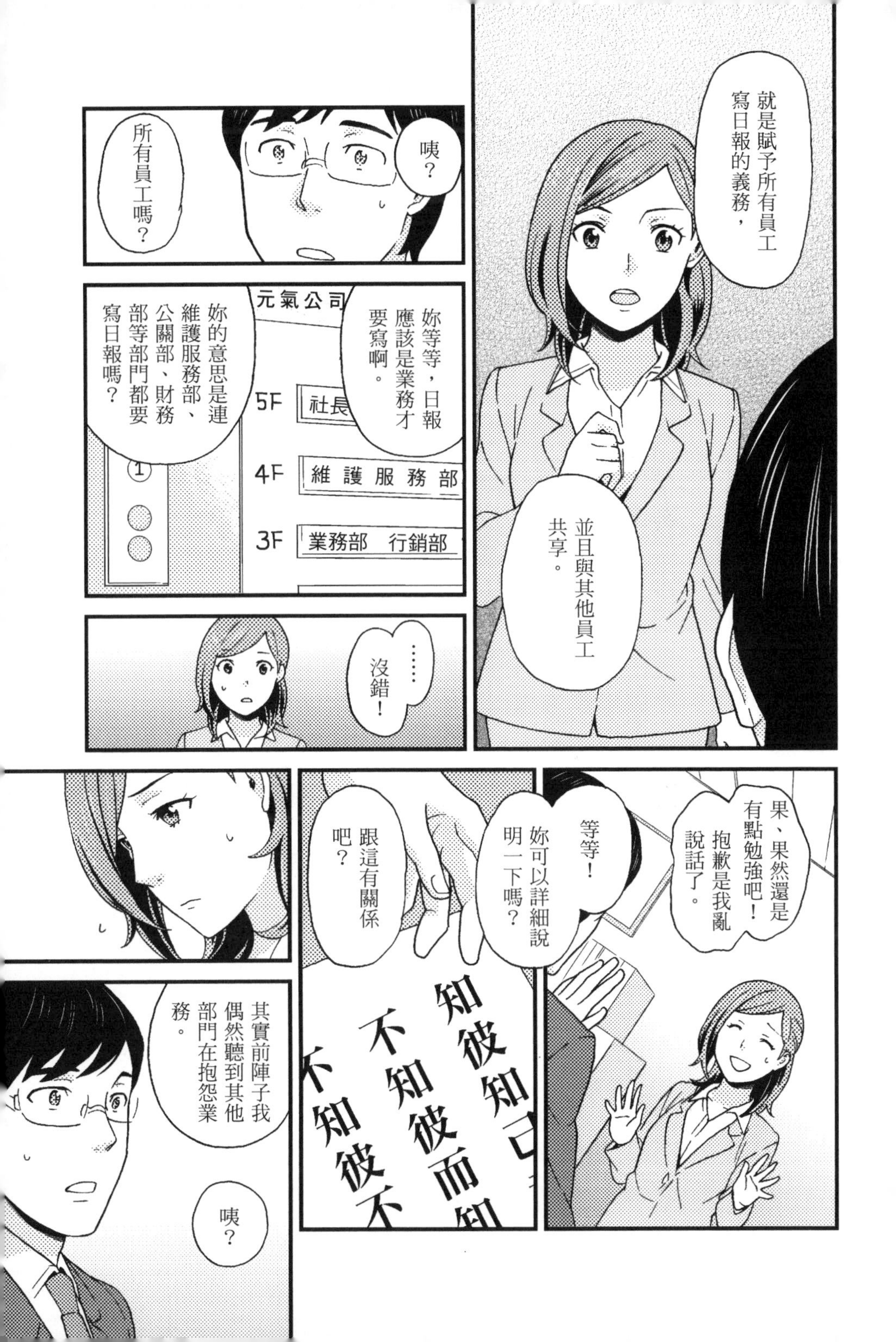
就是賦予所有員工寫日報的義務，
並且與其他員工共享。
咦？
所有員工嗎？
妳等等，日報應該是業務才要寫啊。
妳的意思是連維護服務部、公關部、財務部等部門都要寫日報嗎？
元氣公司
5F 社長
4F 維護服務部
3F 業務部 行銷部
……沒錯！
果、果然還是有點勉強吧！抱歉是我亂說話了。
等等！
妳可以詳細說明一下嗎？
跟這有關係吧？
知彼知己
不知彼而知
不知彼不
其實前陣子我偶然聽到其他部門在抱怨業務。
咦？

不同部門之間會有利害衝突，導致公司內仍有許多「敵人」。
這是業務性質上的差異，無關個人的性格、能力。
首先我們必須體認到，部門間相互對立的情形可謂稀鬆平常。
而日報可以讓對立的情形「可視化」。
讓我們掌握公司內「敵人」的狀況。
成年人大多會強自忍耐。
焦躁不安
努力忍耐
令人意外的，對立的情形大多不會外顯。
長期下來，彼此的隔閡會越來越大。
隆隆隆
隆隆
他
營
而透過日報做到可視化之後，
就可以多方確認計畫與行動的可行性。
如此一來，就可以發現組織的弱點，
同時也可以共享資訊，並活用組織的優點。
社長
經營企畫部
業務部
總務部
行銷部
系統開發部
維護服務部
優點
計畫
缺點

只要做到組織整體的可視化，
就可以積累全新的思考觀點，從中孕育出意想不到的行動計畫。
……
啊……怎麼了嗎？
乍然
為什麼我沒有早點想到那麼簡單的事情！
起身
只要部門間互相交流日報，就可以共享彼此的想法和煩惱了！
這做法很讚啊！
這不就是公司整體的「知己」嗎！
握拳

而且這東西或許比PDCA更好用呢。
咦？
妳應該知道PDCA循環吧？
這是一個改善的循環，其中有四個步驟。
Action 改善
Plan 計畫
Do 執行
Check 檢查
PDCA
但是妳的提案還加入了「可視化」。
也就是See！
可視化
See
Plan 計畫
See 可視化
Do 執行
See 可視化
擬定計畫之後，就透過日報可視化，交由上司以及其他部門確認，藉此提高精確度。
行動之後，再透過日報可視化，由全體員工加以確認，並給予建議。
這沒必要吧？
原來如此！
關於這次跑的客戶啊……
怎麼了嗎？
由於日報需要每天繳交，所以成長與改善的速度都會加快。
這可是PDCA的進化版啊，就叫它PSDS好了。
妳真厲害啊！
厲害的是孫武先生啊……
哈哈……
謝謝妳，我這就來導入這個做法。
元氣公司
啊～太好了！
數週後

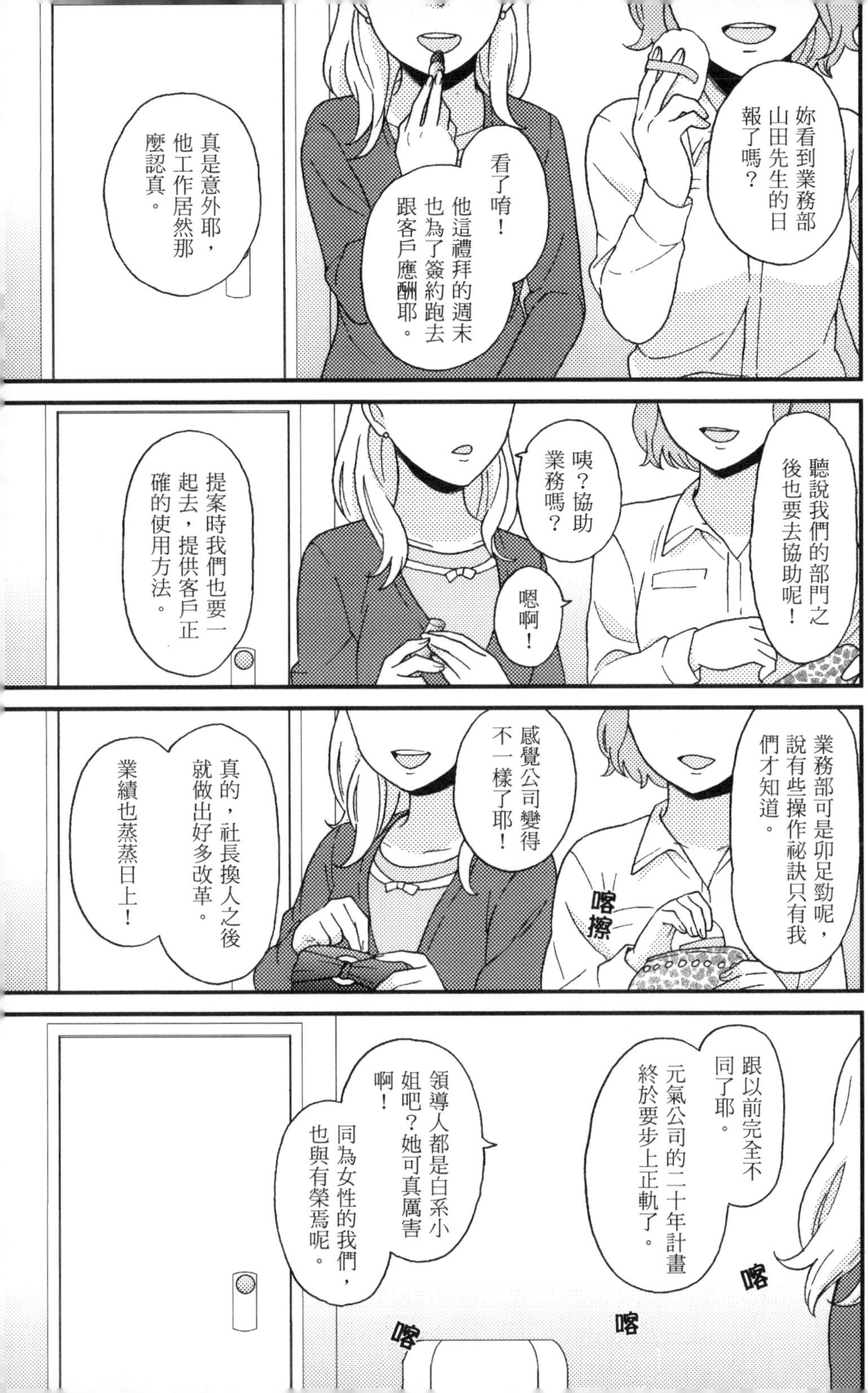
妳看到業務部山田先生的日報了嗎？
看了唷！
他這禮拜的週末也為了簽約跑去跟客戶應酬耶。
真是意外耶，他工作居然那麼認真。
聽說我們的部門之後也要去協助呢！
咦？協助業務嗎？
嗯啊！
提案時我們也要一起去，提供客戶正確的使用方法。
業務部可是卯足勁呢，說有些操作祕訣只有我們才知道。
喀擦
感覺公司變得不一樣了耶！
真的，社長換人之後就做出好多改革。
業績也蒸蒸日上！
跟以前完全不同了耶。
元氣公司的二十年計畫終於要步上正軌了。
領導人都是白系小姐吧？她可真厲害啊！
同為女性的我們，也與有榮焉呢。
喀
喀
喀

使用中
在讓全體員工共享日報之後，公司的氣氛真的改變了！
前陣子我們發現，是因為維護服務部並未充分傳達設備的相關資訊，才會導致業務無法確實向客戶說明服務內容。
我看了你的日報，讓我來告訴你這款設備的資訊吧
謝謝妳
維護服務部
業務部
而社長也發現業務部並未活用行銷部的調查結果。
我發現了一件事情
怎麼了嗎？
社長
行銷部
現在部門間的隔閡慢慢消失，彼此也能夠相輔相成，公司終於逐漸出現整體感。
孫武先生可真厲害！
行銷部
維護服務部
業務部
經理
只要照著孫武先生的指示去做，未來就保證飛黃騰達……
我原本對此深信不已。
握拳
轟隆
轟隆
但是……

事發突然……
他就這樣在我面前消失了……
孫武先生!?
接下來我該如何是好啊!?

可視化管理讓經營「看得見」

就像是幫所有員工都配備一台行車導航

難得提出一個策略，若是不能付諸實踐，並做出成果，可就沒有任何意義了。針對策略的實施階段，《孫子兵法》也留有諸多指教。

擬定策略的是「人」，付諸實踐的是「人」，予以驗證、改善的亦是「人」。而在擬定策略時，若是沒有考量到人的部分，也就只是單純的紙上談兵，稱不上是真正的「策略思考」。

關於策略思考，孫子說：

「善用兵者，修道而保法，故能為勝敗之政。」（軍形篇）

善於用兵的人，潛心研究致勝之道，修明政治，堅持致勝的法制，所以能主宰勝敗。

如果以現代商場來說，也就是所謂的「可視化管理」了。可視化管理會做到評價方法、業績評定基準等事項的透明化，並與第一線員工共享，同時達成現狀的「可視化」。

如此一來，員工就能夠自行判斷當下狀態，以及後續的應達成事項。只要能將可視化管理與第二章的策略、願景整合在一起，並建立起第一章所看到的控管系統，就可以實現所謂的「可視化經營」。

打個淺顯易懂的譬喻，這就像是為每位員工都準備一台行車導航，只要在地圖（策略地圖）上設定好目的地（願景），並掌握現在位置（每日控管），行車導航

只要做到判斷基準的可視化，員工們在行動時就會自行思考陌生開發與既有維護的比率了。
組織也會越變越強！

就會規畫好行車路線，讓所有員工都能夠自行判斷行車路線，以及在行車時是要右轉還是左轉。所謂的「可視化管理」就像是一台行車導航，幫助駕駛（員工）決定正確的行車路線，並預測所需的行車時間，指引駕駛開往正確方向。

指揮調度的藝術

當駕駛知道車輛的行駛目標，以及當下的所在位置之後，也就會知道接下來該往哪裡開了。而人們不會想要做那種無法獲得評價的事情，所以行車導航必須帶領駕駛開往能夠獲得評價的方向。

譬如當公司只評價業務的營業額時，即使他知道應該多加開發新客戶，仍然會著重在易於銷售的既有客戶身上，這是相當自然的事。

而人心是很複雜的，當他們明確知道做某件事能夠獲得評價時，就會逐漸形成惰性，而將工作視為照表操課的「作業」。

對此孫子有以下教誨：

「施無法之賞，懸無政之令，犯三軍之眾，若使一人。」（九地篇）

施行超越慣例的獎賞，頒布不拘常規的號令，藉此給予下屬驚喜，指揮調度全軍就如同指揮調度一個人一樣簡單。

玩遊戲時，有時玩家會遭遇意想不到的敵人，或是獲得幸運機會，乃至於挑戰不知能否中大獎的轉蛋，這些要素都讓玩家樂此不疲。而企業管理亦然，也該在工作上增添意想不到的報酬，藉此預防員工對工作倦怠而沒有動力。

如何達成「公司內部的可視化」

部門間的矛盾、摩擦避無可避

組織是由許多的個人組合而成。只要有人的地方，都會產生派系鬥爭與對立。譬如以企業而言，不同部門之間會有利害衝突，以致原本該是夥伴的兩個部門如同水火，像是敵人一樣。這種情況可謂稀鬆平常。現代的企業組織將各項工作分給不同部門負責，而部門間的矛盾、摩擦可說是避無可避的。

針對組織內的人際關係，孫子留有以下論述：

「古之善用兵者，能使敵人前後不相及，眾寡不相恃，貴賤不相救，上下不相收。」

（九地篇）

不同部門之間會有利害衝突，導致公司內仍有許多「敵人」。這是業務性質上的差異，無關個人的性格、能力。
首先我們必須體認到，部門間相互對立的情形可謂稀鬆平常。

從前善於指揮作戰的人，能使敵人前後部隊不能相互策應，主力和小部隊無法相互依靠，官兵之間不能相互救援，上下級之間不能互相聯絡。

組織通常都留有以上弱點。換言之，我們也該多加注意組織狀況，確認是否出現了易於遭到敵軍攻擊的弱點。

做到公司內部的可視化，進而掌握關係惡劣的部門情況

在這，要說到孫子的經典名言：

「知己知彼，百戰不殆。」（謀攻篇）

即便是同公司的同事，只要部門不同，仍會因各自立場關係而對立，形同「敵人」。雖說如此，假如同公司真的自己鬧成一團，可就會給外敵可趁之機了。所以我希望各位做到公司內部的可視化，試著理解公司內部的「敵人」（不同部門）。

譬如漫畫當中的「元氣公司」，業務部與維護服務部之間也出現了對立，這類業務部門與非業務部門之間的對立可謂稀鬆平常。

各位可別想要立刻消弭部門間的對立關係，而是要讓對立的情形可視化，藉此讓公司上下都能了解箇中原因。

相信如此一來，就能夠找到彼此協調、妥協的著力點，畢竟大家都是攜手與外敵（外部競爭）奮戰的夥伴嘛。

讓全體員工都製作日報，打造一個業務透明化的系統，這是幫助達成可視化管理的有效做法。只要了解彼此所做出的努力，也有助於促成相互理解。譬如在漫畫當中，業務部與維護服務部也體認到彼此私下所做的努力，最後終於讓組織可以互信合作。

「他們也很努力啊。」

「雖然意見總是相左，但是以他們的立場來看，會那麼想也是無可奈何的。」

「他們似乎很擅長處理這方面的業務，下次或許可以尋求他們協助。」

各部門相互理解、相互信賴之後，才會開始有具體的相互合作。而「公司內部的可視化」就是一個基礎，幫助孕育出「相互理解↓相互信賴↓相互合作」的組織能量。

譬如當兩家工廠攜手合作時，若是不互相至彼此工廠參觀，就會導致工作窒礙難行。組織亦然，得要讓部門間，乃至於員工間的工作「可視化」，才有辦法攜手合作，朝共同目標邁進。

一種比PDCA更為快速有效的全新改善法

在計畫階段就做到可視化的好處

在透過日報實現「可視化」，並讓「相互理解↓相互信賴↓相互合作」的流程步上正軌之後，孫子那「進行先知先行管理」的教誨也終於活了過來，令「PSDS」循環開始運作。

「勝兵先勝而後求戰，敗兵先戰而後求勝。」（軍形篇）

在第一章我就已經告訴過各位，為了在現代商場活用《孫子兵法》，必須將每天的「報告書」轉變為「計畫書」。針對「計畫書」做到公司上下的「可視化」之後，「接下來該怎麼做？」、「明天該做甚麼事？」等後續計畫也將逐漸成形。而在擬定計畫的階段，部門間的同仁也將可以互相提供建議。

　也就是說，相較於以計畫、執行、檢查、改善為主軸的「PDCA」，「PSDS」能夠於計畫階段做到可視化，並於該階段就予以檢查與建議。

　而員工也會以所得到的建議為基礎，付諸執行，進而讓執行上的精確度提升。接下來再讓執行結果「可視化」，活用於後續計畫，形成了一個良好循環。

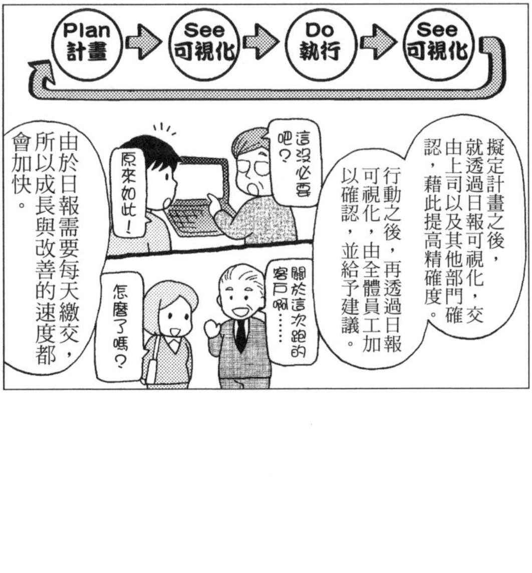

透過ＰＳＤＳ活用組織全體的「智慧」

常用的「ＰＤＣＡ」其實也沒那麼差，只是「ＰＳＤＳ」更勝一籌罷了。「ＰＳＤＳ」會先在計畫階段進行一次「作戰會議」，獲得來自上司、同事，乃至於其他部門的建議與資訊，進而讓勝算與精確度提高，也較容易進行改善，以及活用組織全體的「智慧」。

這正是實踐了所謂的：

「夫未戰而廟算勝者，得算多也；未戰而廟算不勝者，得算少也。多算勝，少算不勝，而況於無算乎。」（始計篇）

只要讓「ＰＳＤＳ」循環正常運

只要部門間互相交流日報，就可以共享彼此的想法和煩惱了！
這做法很讚啊！

作，就能夠幫助教育經驗尚淺的年輕員工，同時有效提升業務品質。在訓練年輕員工自主思考，規畫後續行動之餘，也可以得到來自上司、前輩的建議，進而確實進行事前準備。如此一來，年輕員工也就可以滿懷自信地實踐業務目標了。

孫子有云：

「用兵之法，無恃其不來，恃吾有以待之。」（九變篇）

孫子指出用兵的原則是：不抱敵人不會來的僥倖心理，而是要倚仗我方有充分準備，嚴陣以待。只要能夠執行「廟算」，於計畫（PLAN）與執行（DO）之間加入SEE，就相當於在周遭協助之下確實進行準備，並引以為倚仗。而這也是活用了《孫子兵法》的商場智慧。

掌握競爭者、自家公司以及市場的「3C策略」

「知己」、「知彼」、「知天地」

將日報轉化為「計畫書」，再制訂日常的控管系統，就能夠掌握競爭企業的狀況、自家公司的狀況，乃至於顧客動向、市場需求等。

孫子有以下教誨：

「知己知彼，勝乃不殆；知天知地，勝乃可全。」（地形篇）

了解己方的實態，又掌握敵人的狀況與動向，勝利就已經不可動搖，如果再了解氣象條件和地理環境對軍事造成的影響，更可以大獲全勝。

3C 策略

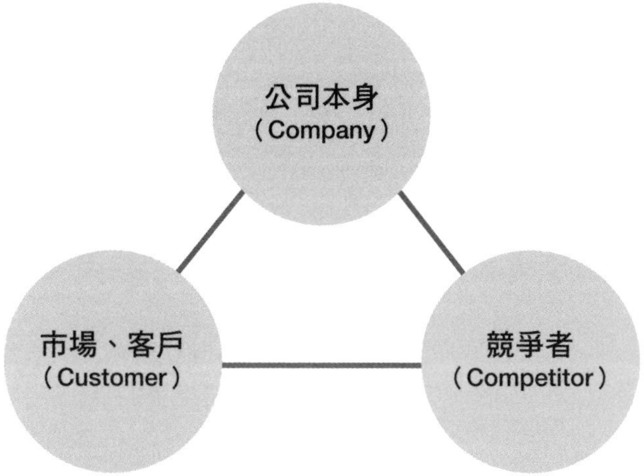

3C 策略認為「公司應活用自家獨特的強項，與競爭者做出差異化，並鎖定特定市場、顧客，推出商品與服務」。

這相當於現代的「3C」策略思考。彼代表競爭者（Competitor），己代表公司本身（Company），而地代表業界動向、競爭關係（策略定位），天則代表時下潮流、季節變動，兩者可以用市場、客戶（Customer）代表之。合在一起就是所謂的「3C」了。

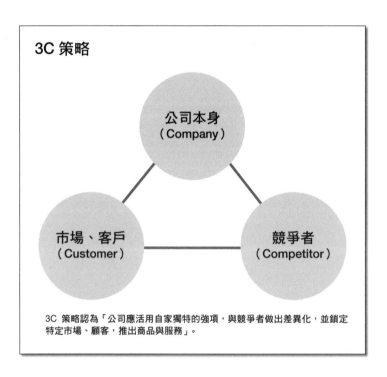

照本書的故事來看，孫武似乎是在現代學到了「3C」的概念，才在古代寫出了這一節。

如此想來，各位應該也都能夠理解，單純將日報當成一項管理工具，藉此避免業務偷懶的這種做法，實在是大錯特錯了吧？這點在第一章也已經提過。難得都要寫日報了，當然要透過孫子式戰略思考做出有效運用啊！

第四章｜CH4

孫子兵法中的隱性知識

「視、觀、察」連鎖技

【策之而知得失之計，作之而知動靜之理】

孫武突然在面前消失，以致真央悵然若失。

而全新推出的元氣提供業也諸般受挫。

《孫子兵法》是否又能夠拯救真央呢？

咦！
孫武先生回去了!?
怎麼那麼突然？
大受打擊
連招呼都不打一聲……
昨天他說要去圖書館，我就陪他一起去了……
我今天要讀一百本！
HAPPY
我得監視他，不能讓他讀歷史書。
結果天氣突然變差……
轟隆轟隆
轟隆轟隆
轟
轟

他被雷直接打到……
整個人就瞬間消失了……
孫武先生！
孫武先生！
他之前穿越時空時，也說是被雷打到的，對吧？
嗯……
他應該是回到自己的時代了……
我是不知道啦，
唰
ATTACK GAME X
最多 4P
但搞不好……
是神明看到他已經做好在這時代該做的事，所以就把他送回去了。
這下子……我該怎麼辦啊？

元氣公司
唉……
真央小姐，妳很沒精神呢！
沒、沒有啦……哈哈哈……
抬起頭來
也對吼，元氣公司的特攻隊長怎麼可能會沒精神嘛！
元氣公司提供您
元氣
元氣
比起這個，接下來我們該如何是好啊？
咦……接下來？
老實說，元氣提供的業務發展沒有很好……
每次遇到困難時，真央小姐不是都會從《孫子兵法》裡想出一些新點子嗎？
這、這個嘛，我最近實在有點忙……
難道妳甚麼都沒想到嗎？
哈哈哈，抱歉啦！

總感覺……
真央小姐又變得跟以前一樣了。
……
元氣公司
有聽說嗎？
元氣提供業都開始三個月了，卻連一張契約都還沒簽到耶。
占用您一點時間。
明明是社長費盡心思才推出的事業啊！
不用！
元氣提供？
不要推些怪東西給我啊！
租賃事業也都上正軌了，就專心做租賃就好了嘛。
所以啊……
不用
掛斷
話說在提甚麼二十年計畫之前，還是先站穩腳步吧。
能占用一點時間嗎？
聽說白系小姐的神力加持也見底了。

元氣提供啊……
有意思！
元氣公司
元氣 提供您滿滿元氣
剛好社長也想要充實公司的福利制度。
真的嗎？
非常感謝您！
太棒了，終於簽到約了！
但是要跟其他家廠商評選唷，沒問題吧？
我們還有另一個口袋名單
咦！
這樣啊……
當然沒問題！
難得公司大門快要打開了，絕對要成功！
評選當天
簡報已經準備好了。
無懈可擊！
不知道競爭對手是哪家公司呢？
誰知道呢，我們正常發揮就是了。
唉呀！
喀～

我聽說有競爭對手，還以為是甚麼強敵哩。
原來是你們。
偏向倒閉事務商會的各位！
別亂說話！我們現在已經叫做元氣公司了。
噗
怪名字！
三宅!!
這樣根本不用比了嘛！
勝負很明顯了啊！
是三宅先生啊
前王牌耶……
我們慘了吧？

會議室
不錯嘛……
元氣公司
傾盆大雨

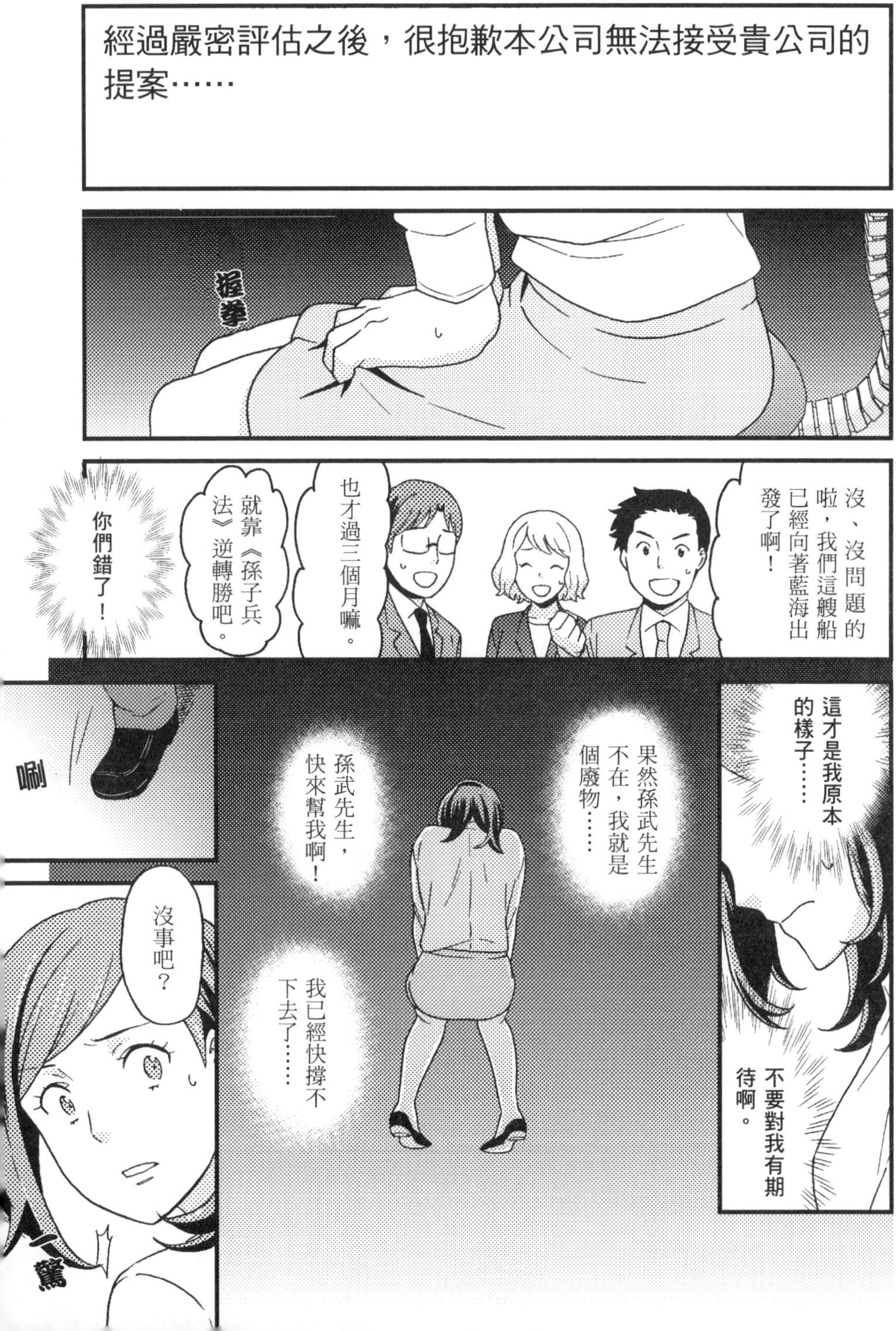
經過嚴密評估之後，很抱歉本公司無法接受貴公司的提案……
握拳
沒、沒問題的啦，我們這艘船已經向著藍海出發了啊！
也才過三個月嘛。
就靠《孫子兵法》逆轉勝吧。
你們錯了！
這才是我原本的樣子……
不要對我有期待啊。
果然孫武先生不在，我就是個廢物……
孫武先生，快來幫我啊！
我已經快撐不下去了……
唰
沒事吧？
一驚

孫武……先生
乍然停住

孫武？
啊
甚麼孫武？
啊……社、社長……
對吼，孫武先生已經不在了……
沒甚麼事……
妳最近很奇怪。
日報給人的感覺也完全不同了。
以前妳的日報感覺更有幹勁啊！
一驚
被看穿了……
得蒙混過去……
不然我是個草包的事實就要穿幫了……
不、不是這樣的，
我沒有變……
我不想讓社長失望啊……
淚光閃閃
沒變啊……

果然我還是撐不住了。
蹲下
嗚嗚嗚嗚嗚嗚
怎、怎麼了？
妳說妳之前都跟孫子在一起？
一時之間實在很難相信啊。
也是吼……
就連我自己也難以置信。
抱歉，請忘掉這回事吧！
妳等等！
我是說很難相信，可沒說不相信啊。
畢竟我知道妳不是會說謊的人啊。
社長……
然後聽完妳的敘述之後，我還是不懂妳為何那麼困擾？
咦！

孫子給妳的只是兵法。
實踐的卻是妳本人啊！
是、是這樣沒錯啦……
握拳……
但是如果沒有他的指導，
我甚至無法靠自己的力量站起來啊！
他的指導一直都在啊。
跨越了數千年的時光……
保留至今，不是嗎？

《孫子兵法》當中充滿了孫子的聲音。
現在的妳應該也能夠聽見唷！
傾盆大雨
孫子兵法
雨水聲

在這裡面，或許留有孫子的聲音……
孫子兵法
聚精會神
孫武先生
翻開
讓我聽聽你的聲音吧！
聽我說啊，
元氣公司
我們這次又要跟三宅競爭了。
又來啊？
上次他的簡報真的超厲害的……
他們公司賣的產品也很類似……
所以互相競爭的機會當然很多。
變對手之後才知道他那麼厲害。
唰……

用力
開門
真央小姐，
信步移動
信步移動
啾啾
啾啾
啾
故策之而知得失之計，作之而知動靜之理。
這也是《孫子兵法》嗎？
是甚麼意思呢？
意思是……
孫武先生
孫武先生
請讓我聽聽你的聲音！
一驚

故策之而知得失之計，作之而知動靜之理。

這是……
經過仔細分析，可以判斷敵人作戰計畫的優劣得失，
經過挑動敵人，可以掌握敵方的行動基準。
打仗時的重點並非在於掌握個別士兵的資訊，
而是要透過所累積的資訊掌握敵方的思考模式，以及判斷基準。
如此一來就能夠預測敵方的動向。
只要可以預先研判敵方的判斷為何，就能夠事先做好準備。
請等一下！

嗯？
怎麼可能做到那種神技啊……
妳要怎麼做？
那只是理想吧！
沒那回事，我們不是一步一腳印累積了很多資料嗎？
資料？
就是日報啊！
！
日報在書寫上是以未來策略為主，
關於跑這家公司的方法啊……
原來如此！
但是也不只如此，日報也可以作為有用的資料。
資料庫
日報

我們可以從中了解對方的嗜好、習慣，並加以利用，
或許對方就會對我們產生好感。
日報資料庫
B公司的窗口喜歡新東西
那就試著向B公司介紹最新機型吧！
日報資料庫
A公司的窗口喜歡古典款
那就試著向A公司介紹古典的款式吧
對、對耶！
跑業務時，可以先研讀資料，掌握客戶的利害關係，以及價值判斷基準。
搞不好就有機會了！
要善用資料，這樣寫日報才有意義嘛！
對！我們也來研究《孫子兵法》吧！
絕對會有幫助的！
不錯耶！
相信就算是我們這種小公司，也會有獲勝的方法的。
幾天後
呵呵呵！
又是跟那間快倒的公司比啊。
看樣子契約又到手了。
亂生於治，怯生於勇，弱生於強。
嗯？

意思是要你小心，不要因為一點小成功就自大自滿，最後搞到走下坡啊！
說甚麼？
故善戰者，求之於勢，不責於人。
善戰者追求形成有利的「勢」，而不是苛求士兵，但這對你是勉強不來的。
不懂是在說甚麼鬼！
兵之情主速，乘人之不及，由不虞之道，攻其所不戒也。
蛤？
疾如風，徐如林，
侵略如火，不動如山。
你們是怎樣？

我們已擬好《孫子兵法》的戰術了！
絕對不會輸。
元氣公司
這次不會跟之前一樣了！

比起「顯性知識」，引出「隱性知識」才是重點

孫武回到古代之後，真央頓時失去最強軍師輔佐，因此身陷困境。因為她覺得若是沒有孫武給予具體建議，自己就無力行動。我們可以說，這時候的真央全盤仰賴以書面文字、圖表呈現的「顯性知識」。換言之，就是她好逸惡勞，總是追求「How to」的答案。

但是元氣公司的社長卻給了她靈感，讓她

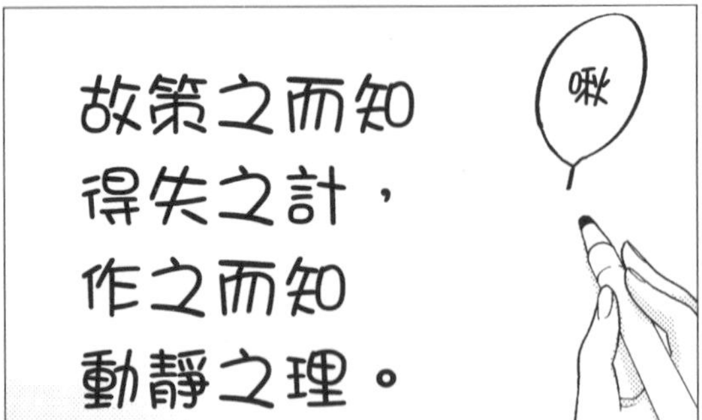
啾
故策之而知得失之計，作之而知動靜之理。

得以引出潛藏在《孫子兵法》當中的「隱性知識」。

「隱性知識」是靠書面文字、圖表所無法呈現的知識。譬如以「知識管理」這個在組織當中用來共享知識、資訊的體系來說好了，即便能夠共享「顯性知識」，仍有許多肉眼難見的「隱性知識」難以共享。特別是長期將某項業務交由特定員工負責，以致最後該項業務只有該員工才知道如何處理、應對時，這種被稱做「屬人化」的職場文化甚至會演變為經營問題。而《孫子兵法》也有助於解決上述問題。

打仗時的重點並非在於掌握個別士兵的資訊，而是要透過所累積的資訊掌握敵方的思考模式，以及判斷基準。
如此一來就能夠預測敵方的動向。

「故策之而知得失之計，作之而知動靜之理。」（虛實篇）

與敵軍對壘時，不可以只是單純觀察敵軍動向，而是要試著挑動敵軍，可以稍加進攻，藉此掌握敵軍的行動基準，孫子如是說。

不可以只看表面，而是要洞悉其中所蘊含的隱藏訊息。而在漫畫故事中，真央要看的隱藏訊息就是客戶的判斷基準了。

真央想要從《孫子兵法》當中讀出孫子的意圖與真意，亦即從「顯性知識」中讀出「隱性知識」。

只觀察見到的敵軍動向，才開始行動，將導致我軍屈居被動；反之若是能掌握敵軍動向之後的行動基準、判斷基準（動靜之理），也就能夠預測其動向，進而先下手為強。

「視、觀、察」連鎖技

以現代商場的情況來說，也就是掌握那些看不見，問了客戶也不肯說的判斷基準、購買基準。

譬如業務去拜訪客戶，在一一詢問完客戶的需求、想法之後，才開始行動，則一定會浪費許多時間，以致屈居被動。再說客戶也不一定會說真話，因此業務還可能被假資訊給騙得團團轉。

但若是能預先掌握客戶的判斷基準，諸如：「何時購買」、「購買管道」、「判斷方式」等，就能夠先下手為強了。為了引出重要的「隱性知識」，就讓我們來看看《論語》這部與《孫子兵法》齊名的中國古籍吧。

「視其所以，觀其所由，察其所安，人焉廋哉？人焉廋哉？」（為政第二）

觀察一個人的時候，可以先檢「視」其言行，接著再「觀」看他所經歷過的事，最後再「察」覺其動機與目的。各位可要把「視、觀、察」給牢記在心啊。

「視」就是去看肉眼可見的事物（顯性知識），這部分很淺顯易懂。而「察」則是去看肉眼難見的事物（隱性知識），這部分就有可能解讀錯誤了。此時就要依序重新檢視至今所累積的資訊，最後才能夠做到「觀察」二字。

即使一時間無法察覺，但是只要持之以恆地觀察個一年、兩年、三年，長期下來仍能夠逐漸掌握對方的判斷基準，了解「對方會在特定情況做出哪種判斷」、「會在特定情況重視哪些部分」等事項。

而關於孫子所說的「故策之而知得失之計，作之而知動靜之理」，各位可以把它想成是在傳授打仗時的「視、觀、察」。

日報裡累積有業務員努力帶回的資訊，我們可以依序重新閱讀這些資訊。日報既可稱為進行「視、觀、察」的道具，也可稱為引出「動靜之理」（隱性知識）的武器。

為了實施「知識管理」，藉此累積並共享知識與資訊，各位可以參考以下的孫子教誨：

「途有所不由，軍有所不擊，城有所不攻，地有所不爭，君命有所不受。」（九變篇）

有的道路不要走，有些敵軍不要攻，有些城池不要占，有些地域不要爭，如果違反以上原則，即便是君命也可以違抗。當企業或是員工藉由過往案例、個案學習掌握某些知識時，也應該要與公司上下共享。這可是從兩千五百年前就開始傳世的「知識管理」呢。

孫子的勝利方程式

積累應多加接觸的潛在客戶

透過日報監控策略實行的狀況，並逐漸累積相關資訊之後，就可以透過「視、觀、察」掌握客戶的判斷基準，同時建立起一個「目標客群庫」，藉此判斷應多加接觸的潛在客戶。

在這個珍貴的資料庫當中，除了客戶姓名、住址等基本資訊之外，也儲存有過往的商談內容、客訴狀況，乃至於購買基準等資訊。雖說紙張也能夠用來儲存資訊，但還是建議善用具備搜尋等方便功能的ＩＴ科技，藉此有效利用所儲存的資訊。

以紙張共享資訊的做法有個疑慮，那就是在資訊量比較少的時期，還勉強撐得

下去，但是隨著資訊累積越來越多，這種做法恐不堪負荷而越來越難使用。

另一方面，若是能活用IT科技，則累積越多資訊越有價值，現在甚至出現了「大數據」的說法。近年來，人類已經可以使用資料探勘（Data Mining）的技術，達成諸如：引導出資訊關聯性與其法則、挑選出客訴等需要多加注意的資訊、根據顧客的購買行為，自動推薦其他可能購買的商品給顧客等事項。

孫子的「積水之計」

我們得要多加活用所積蓄的資訊。而且還得要一鼓作氣地，這就是孫子的積水之計：

「勝者之戰民也，若決積水於千仞之谿者，形也。」（軍形篇）

掌握勝利契機的軍隊，在作戰的時候，就像積水從千仞高的山澗衝決而出，勢不可擋。而這就是勝利的方程式。

每天一點一滴積蓄的資料其實沒甚麼了不起，但若是能落實每天與全體同仁共享這些資料，一年、兩年、三年下來，所累積的資料量就會形成一個巨大的水庫，演變成讓組織勢不可擋的積水。

「目標客群庫」，這是書中對積水的稱呼。請各位試想，在目標客群庫當中蓄積有客戶類型、判斷基準，以及列有過往接觸情形的清單。而這些資訊都被儲存為數位資料，能夠透過電子郵件一瞬間寄送給大量收件人。

譬如在推出新產品時，若是能鎖定可能有需求的潛在客戶，同時寄送產品簡介給對方，就能夠以勢如破竹的氣勢販售產品。而隨著目標客群庫的資料量越大，每封電子郵件的寄送成本也會隨之降低。這正是所謂的「積水之計」。

勢不可久

在蓄積足夠的資訊量，創造出積水之後，接下來就要考慮何時令其決堤了。畢竟難得建立起巨大的「目標客群庫」，錯失良機可就無法獲得巨大的戰果了。對此孫子留有以下教誨：

「激水之疾，至於漂石者，勢也；鷙鳥之疾，至於毀折者，節也。」（兵勢篇）

湍急的流水所以能漂動大石，是因為使它產生巨大衝擊力的勢能，與積水之計有異曲同工之妙；猛禽搏擊雀鳥，一舉可致對手於死地，是因為牠將力道集中爆發於絕佳時機。勢不可久，慎選「用勢」的時機至關重要。

現代商場亦然。錯失良機的努力不僅徒勞無功，甚至可能弄巧成拙。首次去拜訪客戶時，或許對方還肯賣個面子，客氣地寒暄幾句，但若是在缺乏策略的情況下厚著臉皮多次前去拜訪，最後可能會讓對方耐性盡失，口吐「你給我差不多一點」、「別再來煩我了」等語句。同樣地，若是多次寄送內容相同的電子郵件，最後很可能被視為「垃圾郵件」。

另一方面，若是能在絕佳時機前去拜訪客戶，對方可能會因為原本就想要聯絡你而感到開心不已；而若是能在絕佳時機寄送電子郵件，有時也會立刻得到回信，並開始洽談後續事宜。同樣都是在拜訪客戶、寄送電子郵件，時機不同，效果也將大相逕庭。

如何在絕佳時機展開行動

那麼我們又該如何估算正確的時機呢？事實上，只要活用孫子式ＩＴ日報，也能夠做到日程管理。

雖說紙張也能夠作為蓄積資訊的媒介，但是ＩＴ科技比紙張更方便，更能夠幫助於絕佳時機取出正確資訊。但另一方面，若是只將ＩＴ科技作為蓄積資訊的媒介，也就只是徒然讓資訊量增加罷了。

譬如若是能善用提醒功能，設定在三十天後提醒自己，系統就會確實照做。而若是將客戶的創立紀念日、業務契約更新日、客戶窗口生日等資訊輸入系統，系統也會提前提醒。只要做好上述準備，就能夠在絕佳時機展開行動。

產品生命週期

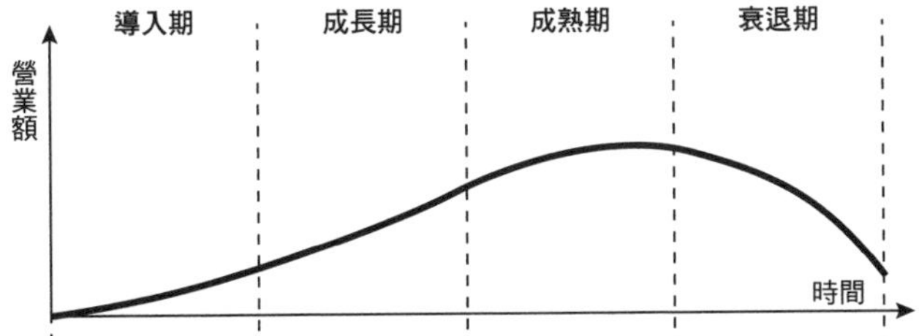

	導入期	成長期	成熟期	衰退期
市場	低水準	擴大	安定	下降
顧客	革新者	標新立異者	大眾	後隨者
策略	認知度提高	產品多角化	產品差異化	效率化、撤退

參考《商業框架》(堀公俊)

產品也講時機好壞

談到時機，建議各位也將「產品生命週期」納入考量。產品都有各自的生命週期，分別為導入期、成長期、成熟期和衰退期等四個階段，各階段的目標客層與策略都有所不同。

在導入期時，產品知名度較低，因此應著重於教育性的廣告策略。通常在這個階段都不會有利潤。在成長期時，產品認知度逐漸提高，營業額也跟著提升，但是競爭者也開始湧入，必須透過促銷活動做出市場差異化。在成熟期時，產品已經進

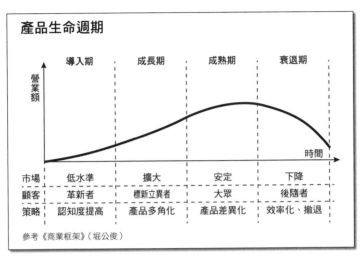

入飽和狀態，雖說擁有較高的營業額，但是成長率停滯不前，在促銷策略方面，由於基本功能已經無法與競爭企業做出區別，因此會著重在設計、包裝等部分，強調外觀上的差異。最後是衰退期，此時的營業額變低，且所有業者都追求效率化，必須設法在適當時機退出。

透過間諜活動每日控管，掌握「產品生命週期」落在哪一個階段，藉此擬定後續策略。換言之，就是要掌握第三章所解說的「3C」當中的市場（Customer）。只要能「知天地」，就能夠於絕佳時機實施策略了。

3C 策略

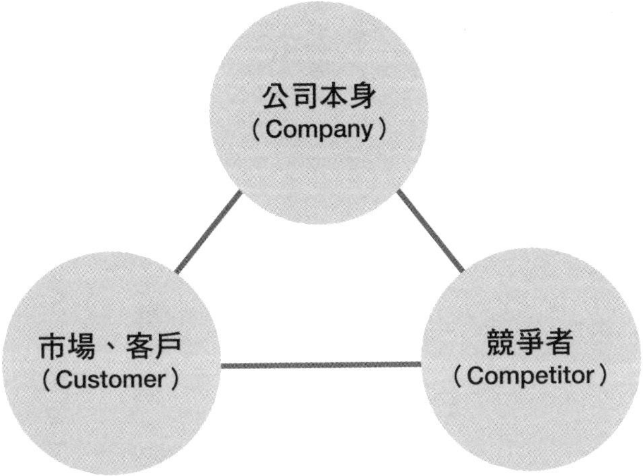
公司本身
（Company）
市場、客戶
（Customer）
競爭者
（Competitor）

3C 策略認為「公司應活用自家獨特的強項，與競爭者做出差異化，並鎖定特定市場、顧客，推出商品與服務」。

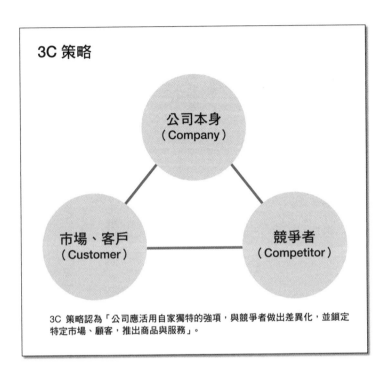

用策略思考打造一個無須王牌的常勝組織

高竿的領導者不會仰賴士兵的個人戰力

有些人喜歡高呼戰略、策略思考等口號，可是等到所擬定的策略成效不彰，無法獲得想像中的成果時，用「是那傢伙的錯啦」、「是事業部長不對」等理由把責任推得一乾二淨。這種做法完全缺乏策略性。

孫子曾說：

「故善戰者，求之於勢，不責於人，故能擇人而任勢。任勢者，其戰人也，如轉木石。」（兵勢篇）

善戰者追求透過有利的「勢」贏得勝利，而不是仰賴士兵的個人戰力。因而能選擇、配置適當人，藉此形成「勢」。

善戰者指揮部隊作戰就像將樹木和石頭從斜坡上滾落，樹木有表面光滑者，亦有枝枒茂密者；石頭有渾圓飽滿者，亦有石體扁平者。而在將這些石頭、樹木從斜坡上滾落時要一視同仁，無須拘泥於某些個體的稜角，因為這毫無意義。

在孫子的時代，軍隊是由普羅大眾中徵募而成，當中並沒有所謂的王牌。即便有也只占極少數。若是想要富策略性地帶領一支良莠不齊的雜牌軍打仗，領導者就不可以有「如果某位下屬在我身邊就好了」的想法。

而這也適用於現代的企業管理。

組織仰賴少數王牌的風險

的確，優異的人才能夠為組織增色不少。若是職場上有一位做事成效鶴立雞群的王牌，旁人自然會不經意地仰賴他。有時候光是誇獎王牌一句「這個部門就靠你了」，就可以讓王牌幹勁滿滿，立刻出口允諾。

事情發展到這裡都還不錯，但若是因此讓這位王牌變得趾高氣昂（就像是原本片向事務商會的三宅一樣），認為自己是王牌，只要端出好業績就好，以致罔顧旁人看法時，組織可就危險了。最後這位王牌甚至會認為公司沒他就會搖搖欲墜，只要一有甚麼糾紛就馬上抽身閃人。

請各位謹記一點，那就是仰賴王牌有其風險。若是把王牌捧上天，對其傲慢的態度放任不管，最後結果可能慘不忍睹。

如果要搞到這步田地，才在互相歸咎責任，無論事前擬定多麼優異的策略，也無法達到富策略性的經營。

針對馬上就驕矜自滿的下屬、組織成員，建議各位可以把以下的孫子名言送給他。

「亂生於治，怯生於勇，弱生於強。」（兵勢篇）

混亂萌生於嚴整的治理下，怯懦萌生於堅實的勇氣下，弱小萌生於強大的力量下。這教導我們，若自以為是而疏忽大意，就可能會因此導致失敗。掌管組織的領導者必須居安思危，做好萬全準備，以期王牌掛冠求去時仍能維持組織正常運作。

由此可見，孫子式戰略思考就連人才調度、組織經營都考慮到了。

終章
穿越2500年的孫子
揮毫
好！
停筆
孫武大人，您完成了呢。
是啊。
這是來自未來的禮物啊。
起身
您又在開玩笑了。
怎麼可能有辦法穿梭時空呢？

信步移動
信步移動
不知真央還好嗎？
啊，她這時候還沒出生啊……
轟隆
嗯……？
轟隆
轟隆
轟隆
元氣公司
白系小姐，

雜誌又推出妳的特集了。
「運用孫子兵法的年輕女軍師」
瞧他們把妳捧的。
年輕女軍師
元氣公司
業務部特別企畫室主任
白系真央小姐
好丟臉哦！
那把羽扇是諸葛亮在拿的吧……
畢竟妳創造出元氣提供業這個全新的領域啊。
媒體怎麼肯放過妳呢！
……
我甚麼都沒做啊！
只是遵照社長的話去做罷了。
不管是思考模式、行動模式的指南……
轟隆
轟隆
轟隆
全都寫在《孫子兵法》裡頭了。
孫子就在我的心中！
轟
翻動
轟！

好痛啊……
嗯……？
真央……看樣子我好像又穿越了……
孫武先生！
真有其人啊……
滑落～
翻動
孫武先生，我們去喝一杯慶祝你回來！
好耶，好久沒喝啤酒了。
孫子的文獻上出現現代單詞！？
衝擊性的發現！！
啤酒
雲端
電動遊戲
等
來自孫子的訊息？
抱頭苦惱的研究人員

後記

人生、商場的攻防利器

一部撰寫於兩千五百年前的兵法書——《孫子兵法》，在詳加解讀之後，各位是否也實際感受到，其中充滿了各種可活用於現代商場的靈感呢？

古籍用字晦澀，閱讀不易，因此往往被世人敬而遠之，特別是年輕一代。但是我卻希望年輕人能夠善用《孫子兵法》。我年紀輕輕就擔任經營顧問一職，依據經驗顯示，年輕人想要向年長的經營者、管理者講解事情時，《孫子兵法》著實是一大利器。因此我希望能讓更多人了解，並善用《孫子兵法》。

本書搭配漫畫故事，讓不擅閱讀古籍的人也能夠讀得津津有味。同時在編寫上也方便讓讀者產生具體印象，進而活用由《孫子兵法》衍生而出的商場策略。衷心期盼有更多人能透過閱讀本書而對《孫子兵法》產生興趣，進而打算深入學習整本

《孫子兵法》。

《孫子兵法》全文僅約六千字，篇幅不長。而市面上也已經有許多講解《孫子兵法》的書籍，希望各位也能夠試著一讀。

在學習過程當中，我希望各位謹記一點，那就是單純將兩千五百年前的書籍譯為現代語言實在沒甚麼意義。畢竟我們不是古籍研究者，得要將孫子的智慧活用於現實層面才有意義。

像本書所解說的一樣，將《孫子兵法》與各種現代盛行的策略理論、經營理論相結合，這也不失為一個好方法。若是能夠推導出具體的手法，不僅較容易實踐，同時有《孫子兵法》當後盾也會讓這套手法更有說服力。

於此同時，相信各位也會再次體認到，能夠在兩千五百年前就想到這麼遠的孫子是何其厲害。

各位可以試著把自己想成是穿越到現代的孫子，對眼前的現實提點一二。衷心期盼有越來越多人能夠善用《孫子兵法》，進而掌握古今共通的「勝利」法則。

漫畫 新世紀孫子兵法
孫子式戰略思考，史上最強「競合謀勝」教科書
マンガでわかる！孫子式戰略思考

作　者　長尾一洋
編　劇　星井博文
漫　畫　石野人衣
翻　譯　謝承翰
主　編　郭峰吾

總 編 輯　陳旭華（ymal@ms14.hinet.net）
副總編輯　李映慧

社　長　郭重興
發行人兼出版總監　曾大福
出　版　大牌出版／遠足文化事業股份有限公司
發　行　遠足文化事業股份有限公司
地　址　23141 新北市新店區民權路 108-2 號 9 樓
電　話　+886- 2- 2218 1417
傳　真　+886- 2- 8667 1851

印務主任　黃禮賢
封面設計　萬勝安
排　版　藍天圖物宣字社
印　製　成陽印刷股份有限公司
法律顧問　華洋法律事務所　蘇文生律師

定　價　350 元
初　版　2017 年 2 月
二　版　2019 年 12 月

國家圖書館出版品預行編目 (CIP) 資料

漫畫 新世紀孫子兵法：孫子式戰略思考，史上最強「競合謀勝」教科書 / 長尾一洋著 ; 石野人衣繪 ; 謝承翰譯 . -- 二版 . -- 新北市 : 大牌出版 , 遠足文化發行 , 2019.12　面 ; 公分
譯自：マンガでわかる！孫子式 略思考
ISBN 978-986-7645-96-8（平裝）
1. 孫子兵法　2. 漫畫

592.092　108018494